JN254636

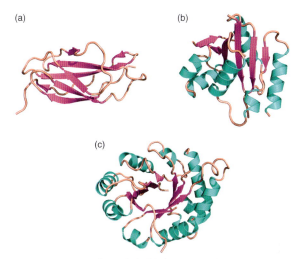

(a)

(b)

(c)

口絵 2　さまざまなフォールド

（a）免疫グロブリンフォールド（5FM4），（b）ロスマンフォールド（5DB4），（c）α/β バレル（TIM バレル）（1BTM）．括弧内は PDB のアクセス番号．（本文 p.54 参照）

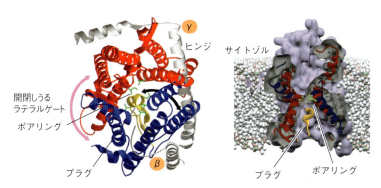

γ
ヒンジ

開閉しうる
ラテラルゲート
ポアリング

プラグ
β

サイトゾル

プラグ
ポアリング

口絵 3　アーキア（古細菌）の SecY 複合体の X 線構造

α サブユニットの前半部分（ヘリックス 1〜5）は青，後半部分（ヘリックス 6〜10）は赤，β サブユニットと γ サブユニットはグレーで表示した．チャネルの狭窄部位のポアリング残基は黄緑，プラグヘリックスは黄で示す．（本文 p.88 参照）［Rapoport, T., *Nature* **450**, 663–669（2007）］

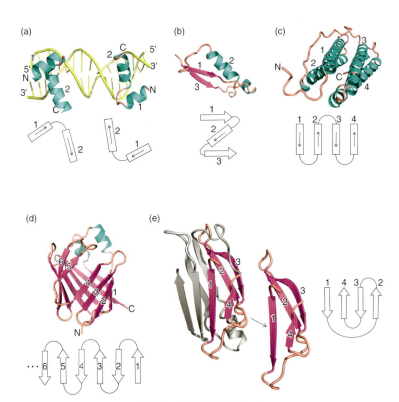

口絵1　さまざまなモチーフ

（a）DNA 結合タンパク質のヘリックスターンヘリックスモチーフ（4FTH），（b）$\beta\alpha\beta$ モチーフ（1YPI），（c）4 ヘリックスバンドル（3RBC），（d）β バレル（アップアンドダウンバレル）（5HA1），（e）ギリシャ模様モチーフ（2PAB）．括弧内は PDB のアクセス番号．（本文 p.53 参照）

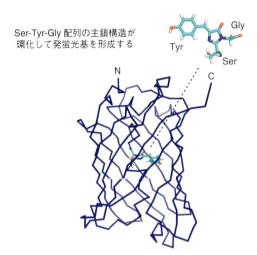

Ser-Tyr-Gly 配列の主鎖構造が
環化して発蛍光基を形成する

口絵 4　蛍光有機小分子と GFP の構造
GFP の立体構造と発蛍光基の化学構造．発蛍光基は疎水的環境にあることが蛍
光発生に必要で，酸変性で GFP の立体構造を壊すと発蛍光基の蛍光が失われる．
（本文 p.197 参照）

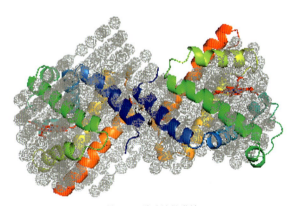

口絵 5　X 線溶液散乱法
ビーズモデルの例．この図ではビーズモデルに他の方法で決定したタンパク質の
構造をリボンモデルで表示して重ねた．よく合っている部分とそうでない部分が
ある．（本文 p.221 参照）

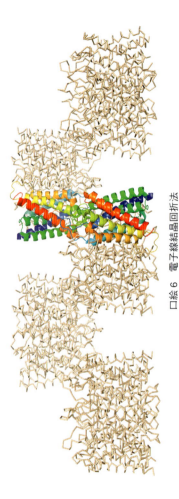

口絵 6　電子線結晶回折法

アクアポリン 4 が 2 層からなる二次元結晶をつくる様子. 塊 1 個はアクアポリン 4 のテトラマー. (本文 p.224 参照)

化学の要点
シリーズ
25

生化学の論理

物理化学の視点

日本化学会 [編]

八木達彦
遠藤斗志也 [著]
神田大輔

共立出版

『化学の要点シリーズ』
発刊に際して

　現在，我が国の大学教育は大きな節目を迎えている．近年の少子化傾向，大学進学率の上昇と連動して，各大学で学生の学力スペクトルが以前に比較して，大きく拡大していることが実感されている．これまでの「化学を専門とする学部学生」を対象にした大学教育の実態も大きく変貌しつつある．自主的な勉学を前提とし「背中を見せる」教育のみに依拠する時代は終焉しつつある．一方で，インターネット等の情報検索手段の普及により，比較的安易に学修すべき内容の一部を入手することが可能でありながらも，その実態は断片的，表層的な理解にとどまってしまい，本人の資質を十分に開花させるきっかけにはなりにくい事例が多くみられる．このような状況で，「適切な教科書」，適切な内容と適切な分量の「読み通せる教科書」が実は渇望されている．学修の志を立て，学問体系のひとつひとつを反芻しながら咀嚼し学術の基礎体力を形成する過程で，教科書の果たす役割はきわめて大きい．

　例えば，それまでは部分的に理解が困難であった概念なども適切な教科書に出会うことによって，目から鱗が落ちるがごとく，急速に全体像を把握することが可能になることが多い．化学教科の中にあるそのような，多くの「要点」を発見，理解することを目的とするのが，本シリーズである．大学教育の現状を踏まえて，「化学を将来専門とする学部学生」を対象に学部教育と大学院教育の連結を踏まえ，徹底的な基礎概念の修得を目指した新しい『化学の要点シリーズ』を刊行する．なお，ここで言う「要点」とは，化学の中で最も重要な概念を指すというよりも，上述のような学修する際の「要点」を意味している．

本シリーズの特徴を下記に示す.

1）科目ごとに，修得のポイントとなる重要な項目・概念などを
わかりやすく記述する.

2）「要点」を網羅するのではなく，理解に焦点を当てた記述を
する.

3）「内容は高く」，「表現はできるだけやさしく」をモットーと
する.

4）高校で必ずしも数式の取り扱いが得意ではなかった学生に
も，基本概念の修得が可能となるよう，数式をできるだけ使
用せずに解説する.

5）理解を補う「専門用語，具体例，関連する最先端の研究事
例」などをコラムで解説し，第一線の研究者群が執筆にあた
る.

6）視覚的に理解しやすい図，イラストなどをなるべく多く挿入
する.

本シリーズが，読者にとって有意義な教科書となることを期待して
いる.

『化学の要点シリーズ』編集委員会
井上晴夫（委員長）

池田富樹　伊藤　攻　岩澤康裕　上村大輔
佐々木政子　高木克彦　西原　寛

はじめに

　生化学は生命の謎を化学で解き明かそうとする自然科学の一分野
で，真理探究，知的好奇心の充足だけでなく，医学，薬学，農学，
産業から環境問題まで，応用の広い実学として注目されている．そ
れだけでなく，脳や神経系の情報伝達に関する理解が飛躍的に進ん
だお陰で，人の喜怒哀楽，恋愛や嫌悪の感情，美術，芸術など，従
来は自然科学の領分ではなかった心の問題にも生化学や分子生物学
が深く関与することが明らかになった．

　社会的に見ると，遺伝子組換え，クローン，DNA鑑定，iPS細
胞，遺伝子治療などの言葉が新聞，テレビやインターネットでふつ
うに使われる．最近ではゲノム編集という衝撃的新技術も話題に
なった．生化学の知見をもとに，がん，エイズ，認知症などの難病
や，糖尿病など生活習慣病の治療薬を開発すれば，人類の幸せに貢
献すると同時に，何億ドルという市場が開拓される．一方，人工的
な猛毒ウイルスの合成も技術的に可能で，生化学の成果をいかに使
うかは，政治，経済，軍事，テロとも深く関わる．現代社会では生
化学の知識なしに新技術を感情的に拒否するのも，無批判に飛びつ
くのも危険である．一般の人々がある程度の生化学知識をもち，専
門家の研究にも関心をもつことが，生化学の無限ともいえる可能性
を《良い》方向に導く大きな力になる．

　生化学では生物体内の現象を化学の言葉で述べるのに重点がおか
れ，その根本には物理化学がある．しかし膨大な物理化学の体系の
どこまでが生化学の理解に欠かせないかの選定は難問である．本書
では，生化学の基礎となる化学反応や構造化学の理解に欠かせない
事項だけでなく，生化学研究の手段となる装置の基礎をなす物理化

学的原理にも重点をおいた．生化学の論理を物理化学の視点から，
むずかしすぎず，簡略化しすぎず，厚すぎない教科書をつくりたい
という日本化学会の欲張った計画に協力することで，生化学の裾野
を広げるお役に立ちたいと考えた．そのため，取り上げるテーマの
選定にとくに配慮し，大学入試レベルから初年級の有機化学や生物
学の基礎知識があれば理解できるよう心がけた．最終章は，現代生
化学の研究にも，研究成果の理解にも欠かせない生化学方法論で締
めくくった．機器の取扱説明書ではなく，この測定で何がわかる
か，あることを調べるには何を使えばよいか，ある機器の測定結果
からどこまでのことが理解できるか，限界は何か？　など，研究す
る側にも，研究成果を受け入れる側にも必要な事柄である．教科書
という性格上取り上げるテーマのバランスをとる必要があり，特定
の話題に深入りはできないが，いくつかのテーマはコラムとして取
り上げ，詳しく解説した．各章には関連問題を載せた．その直後に
解答があるが，これを隠して，まず自力で考えてほしい．

　執筆にあたり，吉田賢右先生，今井賢一郎先生と，コラムを執筆
してくださった茶谷絵理先生からは，ご専門の立場から有益なご助
言をいただいた．伊藤恭子先生と田村 康先生は貴重な写真や図を
提供してくださった．矢原一郎先生には書名についてご助言をいた
だいた．共立出版の三輪直美さんと日比野 元さんは編集者として
腕をふるってくださった．なお，本書で扱う生化学はほんの入り口
である．もっと深く学びたい方には『ヴォート基礎生化学 第5
版』，東京化学同人（2017）をお勧めする．

　2018 年 2 月

著　者

目　　次

コラム目次

第1章

生化学と熱力学

　宇宙のできごとはすべてエネルギーの流れに支配される．エネルギーの流れを扱う**熱力学**（thermodynamics）は生命の最小単位である細胞の活動を理解するうえで必須である．熱力学は非生物界における仕事と熱の相互関係を定量的に扱う学問として体系づけられたが，生物，非生物に共通な法則である．第1章では膨大な熱力学体系のうち，生化学を理解するうえで必須な事項を扱う．

　熱力学第一法則によれば，ある閉鎖系がもつ内部エネルギーをU，この系が外界から熱量qを取り入れ，外界に仕事wを行うことで内部エネルギーが$U+\Delta U$になったとすれば，次式が成立つ．

$$\Delta U = q - w$$

熱とか仕事とかエネルギーがかたちを変えても宇宙全体のエネルギーは変化しないという**エネルギー保存の法則**である．しかしこの法則だけではある過程が進行するかしないか予測できない．

　熱力学第二法則によれば，第二種の永久機関（一定温度の熱源から無制限に熱を吸収し，これを100％外部への仕事に変える機関）は存在しない．熱は最も無秩序なエネルギー，仕事は方向性をもった秩序あるエネルギー，したがって無秩序→秩序の無制限な変換は不可能というのがこの法則である．このことから系の無秩序さを示す尺度として**エントロピー**（記号S）という量が定義された．

　生化学では分子やイオンの化学変化，希釈，濃縮，細胞に取り込む輸送，運動などの過程が関心事だから，ある過程の進む方向をどうやって見分けるかの法則から話を始めよう．

1.1 ギブズエネルギーが過程の流れを決める

　水素 H_2（1 mol）を空気中で燃やせば 285.83 kJ（68.315 kcal）の熱を発生して水（液体）になる．これを式 1.1 のように書く．

$$H_2 + \frac{1}{2}O_2 \longrightarrow H_2O \qquad \Delta H = -285.83 \text{ kJ mol}^{-1} \qquad (1.1)$$

ΔH は，反応式の係数 1 に対して 1 mol あたりの反応物と生成物の**エンタルピー**（記号 H）の変化量である．エンタルピーとは注目する系のもつ熱量に相当する物理量で，熱含量ともいう．生成物のほうが H が少ないからマイナスをつける．その分 285.83 kJ が外部に熱エネルギーとして放出される．しかし ΔH がプラスかマイナスかを知るだけでは過程の進行方向を予測できない．たとえば，尿素（1 mol）を水に溶かす過程（式 1.2）を考えよう．

$$尿素 + 水 \longrightarrow 尿素水溶液 \qquad \Delta H = 15.4 \text{ kJ mol}^{-1} \qquad (1.2)$$

ΔH はプラスだが，この過程は進行する．尿素が溶けるときは水から熱を奪って冷たい水溶液になるので，水溶液を元の温度に戻すには外部から同じ量の熱エネルギーを与えねばならない．

　一定圧力のもと，ある過程が起こるかどうかは，式 1.3 で定義される**ギブズエネルギー**（記号 G，むかしはギブスの自由エネルギーと教わった）を見て判定する（T は**熱力学温度**，すなわち**絶対温度**，単位 K）．

$$G = H - TS \tag{1.3}$$

一定温度で，化学反応，希釈，濃縮，輸送などの過程の前（before）と後（after）における G の変化量 ΔG を式 1.4 のように定義すると，

$$\Delta G = G_{\text{after}} - G_{\text{before}} = \Delta H - T\,\Delta S \tag{1.4}$$

$\Delta G < 0$ の過程だけが進行する．ただし熱力学では進行速度を予測できないから，$\Delta G < 0$ の過程が非常に速いことも，逆に無限に遅く，進行していないように見えることもある．

熱力学第三法則によれば，純粋な物質の 0 K（絶対零度，$-273.15\,℃$）におけるエントロピーは 0，またある温度でのエントロピーは分子の定圧熱容量（物体の温度を定圧下 1℃ 上昇させるのに必要な熱量），相転移に伴う吸熱量と温度から計算できる（エントロピー変化の測定は§6.5 参照）．エンタルピー H とギブズエネルギー G の絶対値は理論的に測定はできないが，ΔH はカロリメータ（熱量計）で直接測定できる．ΔG を求めるため，各分子の**標準生成ギブズエネルギー**（記号 $\Delta G_{\text{f}}^{\circ}$）を "ある分子を標準状態で成分元素から合成するのに必要なギブズエネルギー" と定義し，反応前の分子（式 1.1 では H_2 と O_2）と反応後の分子（H_2O）の標準生成ギブズエネルギーの差として ΔG を求める．標準状態は§1.2 で説明する．

$\Delta G_{\text{f}}^{\circ}$ の定義より元素の $\Delta G_{\text{f}}^{\circ} = 0$ なので，反応 1.1 では $\Delta G_{\text{f}}^{\circ}(\text{H}_2) = \Delta G_{\text{f}}^{\circ}(\text{O}_2) = 0\ \text{kJ mol}^{-1}$．エントロピーの絶対値は 25℃（298.15 K）で $S^{\circ}(\text{H}_2) = 0.1306\ \text{kJ K}^{-1}\,\text{mol}^{-1}$，$S^{\circ}(\text{O}_2) = 0.2050\ \text{kJ K}^{-1}\,\text{mol}^{-1}$，$S^{\circ}(\text{H}_2\text{O}) = 0.0699\ \text{kJ K}^{-1}\text{mol}^{-1}$ と測定されているので，反応 1.1 のエントロピー変化は式 1.5 のように計算される．

$$\Delta S^{\circ} = 0.0699 - (0.1306 + 0.5 \times 0.2050)$$
$$= -0.1632 \ \mathrm{kJ \ K^{-1} \ mol^{-1}} \tag{1.5}$$

これより反応 1.1 の ΔG° は式 1.6 のように計算される.

$$\Delta G^{\circ} = \Delta H^{\circ} - T \ \Delta S^{\circ} = -285.83 - 298.15 \times (-0.1632)$$
$$= -237.18 \ \mathrm{kJ \ mol^{-1}} \tag{1.6}$$

この値は成分元素から水を生じる反応 1.1 のギブズエネルギー変化だから,水の標準生成ギブズエネルギー($\Delta G_{\mathrm{f}}^{\circ}$)である.巻末付表 1 に生化学で重要な化合物の標準生成ギブズエネルギーを載せてある.

尿素の溶解(式 1.2)では,固体尿素分子のエントロピーは 0.1043 kJ K^{-1} mol^{-1},無秩序に分散した溶液中では 0.1784 kJ K^{-1} mol^{-1},したがって $\Delta S^{\circ} = 0.0741$ kJ K^{-1} mol^{-1} だから

$$\Delta G^{\circ} = 15.4 - 298.15 \times 0.0741 = -6.69 \ \mathrm{kJ \ mol^{-1}} \tag{1.7}$$

と尿素の溶解は熱力学的に可能な $\Delta G < 0$ の過程とわかる.

H$_2$ の燃焼(反応 1.1)は $\Delta H < 0$,$-T \Delta S > 0$,つまりエンタルピー的に有利,エントロピー的に不利である.一方,尿素の溶解(式 1.2)は $\Delta H > 0$,$-T \Delta S < 0$ とエンタルピー的には不利だがエントロピー的に有利である.これに対し過酸化水素の分解(反応 1.8)は $\Delta H = -98.05$ kJ mol^{-1},$-T \Delta S = -18.72$ kJ mol^{-1} と,エンタルピー的にもエントロピー的にも有利な反応である.

$$\mathrm{H_2O_2} \ (\text{液}) \longrightarrow \mathrm{H_2O} + \frac{1}{2} \mathrm{O_2} \quad \Delta G = -116.76 \ \mathrm{kJ \ mol^{-1}} \tag{1.8}$$

このような $\Delta H < 0$,$-T \Delta S < 0$ の反応は温度に関係なく熱力学的に可能な $\Delta G < 0$ の過程である.

$\Delta H < 0$, $-T\,\Delta S > 0$ の反応と, $\Delta H > 0$, $-T\,\Delta S < 0$ の反応では, 温度によって ΔG の符号が逆転する. たとえば, 水は 3000 K で水素と酸素に分解するので, 反応 1.1 は $\Delta G > 0$ である (ただし ΔH, ΔS は温度に依存し, とくにエントロピーは液相→気相の相転移で大きく変わるので, ΔG が負から正に転換する温度は, 室温の熱力学量を使っては求まらない). 生化学で扱う狭い温度範囲で ΔG の符号が逆転する過程には, タンパク質の変性 (§5.3 参照), DNA の融解とアニーリング (二本鎖の分離と対合) などがある.

エンタルピー (H), ギブズエネルギー (G), エントロピー (S) などは**状態関数** (state function) または**状態量**といって, 物質の状態が決まれば, その状態になるまでの経路に関係なく決まる量である. したがって, ある過程の起こる前と後の状態が決まれば, その変化量は経路に関係しない. 反応 1.1 では, これを単純な燃焼反応と考えたので $-\Delta H =$ 発熱量 となるが, O_2 と H_2 で燃料電池を組み立てれば, 電気エネルギーに変換される分だけ発熱量は小さくなる.

生きものが体成分を合成する, 運動する, 外部から栄養素を摂るなどの生物活動の多くは $\Delta G > 0$ の過程であり, これを**吸エルゴン過程**という. これに対し H_2 の燃焼など $\Delta G < 0$ の過程を**発エルゴン過程**という (エルゴン$\acute{\varepsilon}\rho\gamma o\nu$ はエネルギーの語源で, ギリシャ語で仕事のこと. エネルギーは質量のある物体に力を加えたときどれだけ動かしたかの仕事量として定義されていた). 海洋細菌 *Hydrogenovibrio marinus* は発エルゴンの H_2 酸化 (反応 1.1) と吸エルゴンの生物活動を組み合わせる (共役させる) ことで全過程の合計を発エルゴン ($\Delta G < 0$) にする. 他の生物でも, H_2 の代わりに糖質, 脂質, タンパク質などを酸化する発エルゴン反応と生物活動の吸エルゴン過程を共役させている. この共役のメカニズム

を解き明かすことは生化学の目的の一つである.

1.2　標準状態

　細胞内で起こる生化学反応は水溶液が主だから,水溶液状態のギブズエネルギーを考え,温度は特別に指定しないかぎり 298.15 K (25℃) とする.まず溶液系の**標準状態**(standard state) を定義する.水などの溶媒分子については純物質を標準状態とする.

　溶質分子では**活量**(activity) 1 の溶液を標準状態とする.活量とは,理想状態の溶液のモル濃度 (mol L^{-1}, M と略記) に相当する.塩酸 HCl 水溶液を例に活量を説明しよう.HCl は完全イオン化しているから濃度 0.1 M HCl 溶液では H^+ 濃度も 0.1 M,したがってこの溶液は pH 1.000 のはずだが,pH メータで実測すると pH 1.099 である.これは H^+ 濃度が 0.1 M でなく 0.0796 M 分のはたらきしかないことを示す.したがって 0.1 M HCl 溶液の活量は 0.0796 (単位のない無名数),濃度との比 0.796 を**活量係数**γという.グルコースなどの非電解質溶液では活量係数が 1 に近い.電解質溶液の活量係数はイオン間静電相互作用の強さを示す**イオン強度**I(式 1.9,無名数) に関係し,塩の種類が違っても同一イオン強度の溶液なら活量係数はほぼ等しいはずだが,現実は塩の種類によりかなり違うことも多い.

$$I = \frac{1}{2} \sum c_i z_i^2 \tag{1.9}$$

$$(c_i は\ i\ 番目のイオンの濃度,z_i はそのイオンの価数)$$

陽イオンと陰イオン各 1 種からなる溶液の場合は次式となる.

$$I = \frac{1}{2} \left(c_+ z_+^{\,2} + c_- z_-^{\,2} \right)$$

　0.1 M 溶液の場合，NaCl など（1＋）（1−）型塩の溶液ならイオン強度 $I = 0.1$，活量係数 γ は 0.7〜0.8，Na_2SO_4 など（1＋）$_2$（2−）型または $CaCl_2$ など（2＋）（1−）$_2$ 型塩では $I = 0.3$，γ は 0.4〜0.5，$MgSO_4$ など（2＋）（2−）型塩では $I = 0.4$，γ は 0.1〜0.2 と活量はモル濃度から大きくずれる．溶液の濃度が低ければ活量係数は 1 に近づく．生体物質の細胞内濃度はたいてい 5 mM 以下，多くは μM から nM 以下で，溶質の活量係数は 0.6 以上 1 に近い．また生体分子の活量係数は測定データが少ないのでモル濃度で代用する．なお濃度なら 0.001 M のことを 1 mM というが，活量 0.001 を活量 1 ミリとはいわない．

　純物質とその溶液では分子の標準生成ギブズエネルギー（ΔG_f°）が異なる．水溶液についてはイオン化しない中性分子や，イオン化しても H^+ と無関係な NaCl のような塩ならば溶液の pH は関係しないが，酸・塩基など H^+ の関わる分子の ΔG_f° は溶液の pH に関係する．物理化学では pH 0 を標準状態と定義するが，生化学では pH 7（中性）を標準状態と定義し，生化学における標準生成ギブズエネルギーを $\Delta G_f^{\circ\prime}$ と書いて ΔG_f° と区別する．$ZnCl_2$ のような H^+ と関係なさそうな塩でも $Zn^{2+} + 4\,H_2O \rightleftharpoons Zn(OH)_4{}^{2-} + 4\,H^+$ の錯体形成反応で pH に関係するから，生化学反応の場合は原則として $\Delta G_f^{\circ\prime}$ を使う．しかし矛盾するようだが，H^+ イオンについては他のイオンと同様に活量 1 を標準状態とし，そのとき $\Delta G_f^\circ(H^+) = 0$ kJ とする．電気化学（§1.6）との関係で pH 7 の H^+ イオンを標準状態とすると H_2 の標準生成ギブズエネルギー $\Delta G_f^\circ(H_2) = 0$ kJ とつじつまが合わなくなるからである．$\Delta G_f^{\circ\prime}$ は温度にも依存するから 298.15 K 以外では値が異なる．気体分子の標準状態は §1.3 と問題 1.1 で取り上げる．

[**注意**]　H$^+$についても pH 7 を標準状態と定義する Standard trans-
formed Gibbs energy of formation を採用するデータ集（たとえ
ば日本化学会 編,『化学便覧 基礎編 改訂 5 版』, 10.14, 丸善出版）
では, H$_2$ が元素であるのに標準生成ギブズエネルギーが 0 では
ない. 将来どのシステムが主流になったとしても, 従来の標準状
態の定義に基づく本書などのデータとは混ぜて使わないこと.

　酢酸分子 CH$_3$CO$_2$H について今までの話を整理しよう. 酢酸（液
体）の標準生成ギブズエネルギー（2 mol の C, 2 mol の H$_2$, 1 mol
の O$_2$ から酢酸 1 mol をつくる過程のギブズエネルギー変化）は ΔG_f°
$= -390.06$ kJ, 活量 1 の酢酸分子水溶液が pH 0 でイオン化してい
ないとき $\Delta G_f^\circ = -397.08$ kJ mol^{-1}, pH 7 で酢酸はイオン化して酢
酸イオン CH$_3$CO$_2^-$ になっているから, 活量 1 の酢酸イオンは $\Delta G_f^{\circ\prime}$
$= -369.93$ kJ mol^{-1} である（§1.5 問題 1.2 参照）. 細胞内には純酢
酸も pH 0 の酢酸溶液も存在せず, 中性溶液における酢酸イオンの
$\Delta G_f^{\circ\prime}$ だけに意味がある.

1.3　溶質分子の濃度と部分モルギブズエネルギー

　上の酢酸の例で述べたように, 純酢酸と酢酸水溶液ではギブズエ
ネルギーが異なる. 溶液状態のギブズエネルギーを考えるとき, と
くに**部分モルギブズエネルギー**という量を導入する.

　まず**部分モル量**という概念を, エネルギーのような目に見えない
量でなく, 見える量で説明しよう. 293.15 K（20℃）で酢酸の密度
は 1.0498 kg L^{-1}, したがって 1 mol（60.05 g）の体積（**モル体積**）
は 57.20 mL である. 一方, 酢酸 1 g を 99.00 mL の水に溶かすと溶
液の体積は 99.86 mL となって増加分は 0.86 mL g^{-1}, これを**部分比
容**または**偏比容**という. したがって 1 mol なら 51.64 mL, これが

酢酸の希薄水溶液における**部分モル体積**で，酢酸のモル体積とは明らかに違う．部分モル量は溶液の濃度や溶媒の種類に依存する．話をギブズエネルギーに戻せば，上述のように酢酸イオンの部分モルギブズエネルギーは生化学的標準状態で$-369.93\ \mathrm{kJ\ mol^{-1}}$となる．部分モルギブズエネルギーは**化学ポテンシャル**ともいう．

　細胞内の生体分子はほとんど標準状態（活量＝1）よりはるかに低濃度である．溶液中の分子 A の活量（現実的にはモル濃度）を $[\mathrm{A}]$ とし，その状態での部分モルギブズエネルギーを G_A，標準状態の部分モルギブズエネルギーを $G_\mathrm{fA}^{\circ\prime}$ とすれば式 1.10 の関係が成り立つ．

$$G_\mathrm{A} = G_\mathrm{fA}^{\circ\prime} + RT \ln [\mathrm{A}] = G_\mathrm{fA}^{\circ\prime} + 2.3026\, RT \log [\mathrm{A}] \tag{1.10}$$

R は気体定数（$8.31446\ \mathrm{J\ K^{-1}\ mol^{-1}}$）．$T = 298.15\ \mathrm{K}$（25℃）では

$$G_\mathrm{A} = G_\mathrm{fA}^{\circ\prime} + 5.708 \log [\mathrm{A}] \quad （単位は\ \mathrm{kJ\ mol^{-1}}） \tag{1.11}$$

となる．

　分子 A が気体の場合は，式 1.10，式 1.11 で $[\mathrm{A}]$ の代わりに A の標準状態圧に対する分圧 p_A の比率を入れればそのまま使える．

　巻末付表 1 に，各種生体分子（主として水溶液）の部分モルギブズエネルギーを標準生成ギブズエネルギーとして載せてある．

[問題 1.1] 付表 1 の標準生成ギブズエネルギー（$G_\mathrm{f}^{\circ\prime}$）は気体の標準状態を 1 気圧（101.325 kPa）としたときの値だが，国際純正応用化学連合（IUPAC）は気体の標準状態を 100 kPa とするよう勧告した．この勧告に従えば，グルコースの $G_\mathrm{f}^{\circ\prime}$ はいくらになるか？

[解] 付表 1 の $G_\mathrm{f}^{\circ\prime}$ は 298.15 K でグルコースを従来の標準状態の元素から合成する反応のギブズエネルギー変化（$\Delta G^{\circ\prime}$）だから

$$6\,\mathrm{C} + 6\,\mathrm{H_2} + 3\,\mathrm{O_2} \longrightarrow \underset{\text{グルコース}}{\mathrm{C_6H_{12}O_6}} \qquad \Delta G^{\circ\prime} = -917.22\ \mathrm{kJ\ mol^{-1}}$$

(101.325 kPa)

　ここで気体分子（Gas：H_2 と O_2）を IUPAC の標準状態から従来の標準状態に変えるのに必要なギブズエネルギーを計算する.

$$Gas(100\,kPa) \longrightarrow Gas(101.325\,kPa)$$
$$G^{\circ\prime} = 0 + RT\ln(101.325/100)$$
$$= 5.708\log 1.01325 = 0.0326\,kJ\,mol^{-1}$$

グルコースの生成には $6\,H_2 + 3\,O_2$，計 9 分子の気体元素が関わる.

$$9\,Gas(100\,kPa) \longrightarrow 9\,Gas(101.325\,kPa)$$
$$\Delta G^{\circ\prime} = 9 \times 0.0326\,kJ\,mol^{-1}$$

グルコースの $G_f^{\circ\prime}$ は IUPAC の新基準では

$$G_f^{\circ\prime} = 9 \times 0.0326 - 917.22 = -916.93\,kJ\,mol^{-1}$$

なお，既存データブックには従来の標準状態に基づくデータが多いから，本書もこれに従う.

1.4　化学平衡（chemical equilibrium）

　反応物 A と B から生成物 P と Q を生じる可逆の溶液反応 1.12 と，その反応のギブズエネルギー変化 ΔG を考えよう.

$$A + B \rightleftharpoons P + Q \tag{1.12}$$

$$\Delta G = (G_P + G_Q) - (G_A + G_B)$$

G_A，G_B，G_P，G_Q に式 1.10 の関係を代入して

$$\Delta G = (G_{fP}{}^{\circ\prime} + RT\ln[P]) + (G_{fQ}{}^{\circ\prime} + RT\ln[Q]) -$$
$$(G_{fA}{}^{\circ\prime} + RT\ln[A]) - (G_{fB}{}^{\circ\prime} + RT\ln[B])$$
$$= (G_{fP}{}^{\circ\prime} + G_{fQ}{}^{\circ\prime}) - (G_{fA}{}^{\circ\prime} + G_{fB}{}^{\circ\prime}) + RT\ln\frac{[P][Q]}{[A][B]} \tag{1.13}$$

反応 1.12 で，はじめは A と B だけで P と Q はないが，ある程度 P と Q が蓄積すると逆反応により A と B が生成し，見たところ反応が左右どちらにも進まない**平衡状態**になる. 平衡状態における各成

分の活量（モル濃度 M で代用）を $[A]_{eq}$, $[B]_{eq}$, $[P]_{eq}$, $[Q]_{eq}$ とすると，平衡状態では正反応と逆反応の速度が釣り合って $\Delta G = 0$ だから，式 1.13 より

$$(G_{fP}{}^{\circ\prime} + G_{fQ}{}^{\circ\prime}) - (G_{fA}{}^{\circ\prime} + G_{fB}{}^{\circ\prime}) + RT\ln\frac{[P]_{eq}[Q]_{eq}}{[A]_{eq}[B]_{eq}} = 0$$

ここで**平衡定数** K_{eq} を式 1.14 のように定義する.

$$K_{eq} = \frac{[P]_{eq}[Q]_{eq}}{[A]_{eq}[B]_{eq}} \tag{1.14}$$

$(G_{fP}{}^{\circ\prime} + G_{fQ}{}^{\circ\prime}) - (G_{fA}{}^{\circ\prime} + G_{fB}{}^{\circ\prime})$ は生成物系と反応物系の標準化学ポテンシャルの差だから，これを $\Delta G^{\circ\prime}$ と書きなおし，平衡状態の式に代入すれば式 1.15 が導かれる.

$$\Delta G^{\circ\prime} = -RT\ln K_{eq} \tag{1.15}$$

したがって，

$$K_{eq} = e^{-\Delta G^{\circ\prime}/RT} \quad (e = 2.71828\cdots,\ 自然対数の底，ネイピア数) \tag{1.16}$$

$T = 298.15$ K では，常用対数になおして式 1.17 が成り立つ.

$$\Delta G^{\circ\prime} = -5.708 \log K_{eq} \quad (単位は kJ\ mol^{-1}) \tag{1.17}$$

平衡定数の式 1.14 は反応 1.12 のような反応物 A と B の 2 種，生成物も P と Q の 2 種という 2 反応物 2 生成物反応の場合だが，その他の形式の反応でも，反応物の活量の積を分母に，生成物の活量の積を分子におけばよい．反応式の係数が 2 ならその分子の活量を 2 乗する．

1.5　酸・塩基, pK

Brønsted と Lowry の定義によれば, **酸** (acid) とは H^+ を与える
もの (水素イオン供与体, またはプロトン供与体), **塩基** (base)
とは H^+ を受け取るもの (水素イオン受容体, またはプロトン受容
体) である.

　水素イオンとは水素原子が電子を失ったものだから水素原子核と
同じ, 水素原子核は**プロトン** (proton, 陽子) と同じだから, 水素
イオンをプロトンとよぶ. しかしふつうの水素原子は質量数 1
の ^1H と原子数で 1/8700 の割合で含まれる重水素 (deuterium) ^2H
(記号 D) の混合物だから, 水素イオンにはプロトンのほか重水
素イオン D^+ (**ジュウテロン**, deuteron) も含まれる (水中の
$[D^+]/[H^+]$ は 1/8700 の半分以下). したがって, 水素イオンとプ
ロトンは同じではない. しかし生化学者がプロトンといえば, 多く
の場合ジュウテロンを除外してはいない. 細胞膜などのプロトン
チャネルという通路はプロトンもジュウテロンも通す. プロトン,
ジュウテロン, さらに三重水素 ^3H (トリチウム, tritium) の原子
核トリトン (triton) まで含め, 原子番号 1 番元素の 1 価陽イオン
H^+ の総称として IUPAC は**ヒドロン** (hydron) の用語を推奨してい
るが, まだ広く普及してはいない. たいていの論文や生化学書で使
われる "プロトン" の語は天然存在比のジュウテロンを含む総称
で, 正しくはヒドロンとよぶべきだが, 本書でもプロトンとする
(§6.12, NMR が話題のとき, プロトンは ^1H の原子核をさす).

　塩酸は次のように水に H^+ を与えてイオン化する (式 1.18).

$$HCl + H_2O \rightleftharpoons Cl^- + H_3O^+ \tag{1.18}$$

ここで, HCl は H_2O に H^+ を与えるから酸, H_2O は H^+ を受け取る

から塩基である. 塩酸は**強酸**で, 塩酸のイオン化平衡は極端に右寄りである. しかし濃塩酸の蓋を開けると塩酸ガスの刺激臭を感じることからも可逆なことは確かである. 逆反応では H_3O^+ イオンが Cl^- イオンに H^+ を与えるから, H_3O^+ が酸, Cl^- が塩基である. HCl と Cl^- イオンは互いに**共役酸-共役塩基**の関係にあるという. 同様に H_2O と H_3O^+ イオンは共役塩基-共役酸の関係にある. 式 1.18 に示すように塩酸は水との反応でイオン化するのだが, 両辺から H_2O を消去し塩酸のイオン化を反応 1.19 で表す省略表記がふつうである.

$$HCl \rightleftharpoons Cl^- + H^+ \tag{1.19}$$

酢酸のイオン化を, 両辺から H_2O を消去した式 1.20 で示す.

$$CH_3CO_2H \rightleftharpoons CH_3CO_2^- + H^+ \tag{1.20}$$

酢酸は**弱酸**で, 水溶液では少しイオン化して平衡に達する. §1.2 で述べたように, 水溶液中の酢酸分子は $\Delta G_f^\circ = -397.08 \, \mathrm{kJ \, mol^{-1}}$, 酢酸イオンは $\Delta G_f^\circ = -369.93 \, \mathrm{kJ \, mol^{-1}}$, H^+ は $\Delta G_f^\circ = 0 \, \mathrm{kJ \, mol^{-1}}$, そこで式 1.20 について

$$\Delta G^\circ = -369.93 - (-397.08) = 27.15 \, \mathrm{kJ \, mol^{-1}}$$

$$\log K_{eq} = -\frac{27.15}{5.708} = -4.756$$

酸のイオン化では K_{eq} のことを K_a (a=acid) とよぶので

$$K_a = \frac{[CH_3CO_2^-][H^+]}{[CH_3CO_2H]} = 1.75 \times 10^{-5}$$

（濃度で表せば K_a の単位は M, 活量なら単位はない.）

こう書くと, まず水溶液の酢酸と酢酸イオンの ΔG_f° が測定され, それから K_a が計算された, と思われそうだが逆だ. カロリメータで

酢酸の燃焼熱を測定，これから ΔH を算出する（問題 1.2）．次に
エントロピー S の測定から酢酸生成のエントロピー変化 ΔS を計
算して ΔG° を求める．次に水溶液をつくるときの ΔH，ΔS から溶
液中の酢酸の ΔG_f° を計算し，最後にそのイオン化の K_a を測定して
酢酸イオンの ΔG_f° が計算されたのである．このように反応の平衡
定数からその反応の ΔG° が計算され，その反応に関わる分子または
イオンの ΔG_f° が計算される．こうしていろいろな生体分子の標準
生成ギブズエネルギーのデータが蓄積された（付表 1）．

[**問題 1.2**] カロリメータにより，酢酸（液体），C（固体），H_2 の燃焼
熱はそれぞれ 873.08，393.51，285.83（kJ mol^{-1}）と測定された．こ
れから酢酸の標準生成エンタルピー（ΔH_f°）を計算せよ．

[**解**] 燃焼熱は外部に発散する熱量だから ΔH の符号はマイナスで

$CH_3CO_2H + 2\,O_2 \longrightarrow 2\,CO_2 + 2\,H_2O$ $\quad \Delta H = -873.08$ kJ mol^{-1}

$C + O_2 \longrightarrow CO_2$ $\quad \Delta H = -393.51$ kJ mol^{-1}

$H_2 + \frac{1}{2}O_2 \longrightarrow H_2O$ $\quad \Delta H = -285.83$ kJ mol^{-1}

これから $2\,C + 2\,H_2 \to CH_3CO_2H$ の ΔH を計算するため以下のように
式を変形する．

$2\,CO_2 + 2\,H_2O \longrightarrow CH_3CO_2H + 2\,O_2$ $\quad \Delta H = 873.08$ kJ mol^{-1}

$2\,C + 2\,O_2 \longrightarrow 2\,CO_2$ $\quad \Delta H = -393.51$ kJ mol$^{-1} \times 2$

$2\,H_2 + O_2 \longrightarrow 2\,H_2O$ $\quad \Delta H = -285.83$ kJ mol$^{-1} \times 2$

以上の3式の左辺どうし，右辺どうしを合計して

$2\,C + 2\,H_2 + O_2 \longrightarrow CH_3CO_2H$ $\quad \Delta H = -485.60$ kJ mol^{-1}

（答）酢酸（液体）の $\Delta H_f^\circ = -485.60$ kJ mol^{-1}

[**参考**] 酢酸（液体）とCの標準エントロピー（S°）は 0.1572，0.00574
（kJ K^{-1} mol^{-1}）と測定されている．$S^\circ(H_2)$ と $S^\circ(O_2)$ は §1.1 に記
載．以上のデータを使って酢酸（液体）の ΔG_f° を計算し，本書の記
載と比べてみよう．同様に，酢酸からその水溶液を調製するときの
溶解熱（$-\Delta H$）とエントロピー変化（ΔS）を測定して酢酸（水溶
液）の ΔG_f° が求められる．

K_a の逆数の常用対数を pK_a と定義する（式 1.21）．**pK** と略記することも多い．水素イオンの濃度を pH で表すのと同じアイディアである．

$$pK = \log \left(\frac{1}{K_a} \right) = -\log K_a \tag{1.21}$$

酢酸については p$K = -\log (1.75 \times 10^{-5}) = 4.76$ である．酸は強いほど K_a が大きいから，強酸の pK は小さく 0 以下もある．

アンモニア NH_3 は H_2O との反応で H^+ を受け取る（反応 1.22）．

$$NH_3 + H_2O \rightleftharpoons NH_4^+ + OH^- \tag{1.22}$$

したがって，NH_3 は塩基，H_2O は H^+ を与える酸としてはたらき，アンモニアからは共役酸のアンモニウムイオン NH_4^+ を生じ，H_2O からは共役塩基のヒドロキシドイオン（水酸化物イオン）OH^- を生じる．

塩基の強さの尺度には，反応 1.22 の平衡定数は使わず，塩基の共役酸，この例ではアンモニウムイオンの pK（$=9.24$）を使う．塩基が強ければ共役酸は弱いから pK は大きい．

任意の酸 HA，その共役塩基 A^-，pK の間には次の関係がある．

$$pK = -\log K_a = -\log \frac{[A^-][H^+]}{[HA]} = pH - \log \frac{[A^-]}{[HA]}$$

変形して

$$pH = pK + \log \frac{[A^-]}{[HA]} \tag{1.23}$$

式 1.23 は水溶液中の酸と共役塩基の濃度比と溶液の pH の関係を示す式で**ヘンダーソン・ハッセルバルヒ**（Henderson–Hasselbalch）**式**という．

　0.1 M酢酸溶液の滴定曲線（NaOHを滴下しながら溶液のpHを測定し, 中和の進み具合とpHの関係をグラフ化したもの）を図1.1に示す.

　リン酸（H_3PO_4）のように3ステップにイオン化する酸（三塩基酸）では, 各ステップごとにpKがある. イオン強度が低いとき

$$H_3PO_4 \rightleftharpoons H_2PO_4{}^- + H^+ \qquad pK_1 = 2.12$$

$$H_2PO_4{}^- \rightleftharpoons HPO_4{}^{2-} + H^+ \qquad pK_2 = 7.12$$

$$HPO_4{}^{2-} \rightleftharpoons PO_4{}^{3-} + H^+ \qquad pK_3 = 12.32$$

　　　　　　（リン酸はイオン強度が大きいとpKが低くなる.）

0.1 Mリン酸溶液の滴定曲線（図1.1）を見れば, リン酸のイオン化の各ステップが別々に中和されていくのが読み取れる.

　図1.1の滴定曲線すべてに共通な特徴の一つは, あるステップの中和がちょうど半分に達し, 酸と共役塩基が同濃度になったときに曲線の勾配が最小になるということ, つまりこの点では微量の酸ま

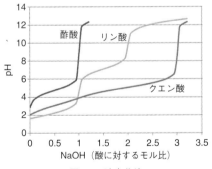

図 1.1　滴定曲線

酢酸, リン酸, クエン酸それぞれの 0.1 M 酸溶液に NaOH 溶液を滴下し, 加えた OH^- のモル比と溶液の pH の関係を示す. NaOH 溶液の滴下による体積増加は無視する.

たは塩基を加えても溶液の pH 変化は少ない.　このような溶液を**緩衝液**（buffer solution）といい，生化学実験で溶液の pH を一定値に保つ目的に使われる.

　クエン酸も三塩基酸だが，pK_1＝3.09，pK_2＝4.75，pK_3＝5.41 と各ステップの pK が互いに近いので，第 1 と第 2 ステップの中和ははっきり見えず，だらだらした滴定曲線になる（図 1.1）.

[**問題 1.3**]　リン酸塩（KH_2PO_4 と K_2HPO_4）を使って pH 7.00 の 0.1 M
　　リン酸緩衝液をつくるにはどうするか？
[**解**]　$H_2PO_4^-$ と HPO_4^{2-} を使うから，リン酸の第 2 イオン化の pK_2 が
　　関わる.　そこで式 1.23 に pH＝7.00，pK＝7.12 を代入して，

$$7.00 = 7.12 + \log \frac{[HPO_4^{2-}]}{[H_2PO_4^-]} \qquad \log \frac{[HPO_4^{2-}]}{[H_2PO_4^-]} = -0.12$$

これから $[HPO_4^{2-}]/[H_2PO_4^-] = 0.759$.　0.1 M KH_2PO_4 と 0.1 M
K_2HPO_4 を 1：0.759 の割合で混合すればリン酸イオン濃度 0.1 M，
pH 7.0 の溶液ができる.　ただし pK 値はイオン強度 I（式 1.9）に依
　　存するから，計算どおりに溶液をつくっても pH メータで測定すると
　　ずれることがある.　そこで pH メータを見ながら KH_2PO_4 溶液または
　　K_2HPO_4 溶液を加えて調整する.　pK は温度にも依存する.

　いろいろな pH におけるリン酸（H_3PO_4）とリン酸イオン（$H_2PO_4^-$，
HPO_4^{2-}，PO_4^{3-}）の割合は式 1.23 から計算する.　pH 0 から 4.62
（pK_1 と pK_2 の中間点）までは式 1.23 に pK＝2.12 を入れて $[H_3PO_4]$
と $[H_2PO_4^-]$ を計算，pH 4.62 から 9.72 までは pK＝7.12 として
$[H_2PO_4^-]$ と $[HPO_4^{2-}]$ を計算，pH 9.72 以上は pK＝12.32 として
$[HPO_4^{2-}]$ と $[PO_4^{3-}]$ を計算し，図 1.2 が得られる.　しかしクエ
ン酸の場合は pK_1，pK_2，pK_3 が近いので，pH とクエン酸の非イオ
ン化形と各種イオン化形の割合は 3 個の pK すべてを考慮して計算
しなければならない.

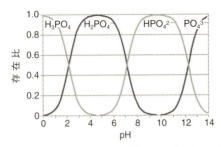

図 1.2 いろいろな pH におけるリン酸とリン酸イオンの存在割合

　生化学で扱う化合物にはリン酸エステルが多い．リン酸の3個
の OH のうち1個がエステル結合してイオン化できない．残った2
個の OH の pK_1，pK_2 はリン酸より少し低く（酸として少し強く），
$0.9 < pK_1 < 1.8$，$5.9 < pK_2 < 6.7$ のものが多い．たとえば

$$pK_1 = 1.40$$
$$pK_2 = 6.44$$

L-グリセロール 3-リン酸

グリセロール 3-リン酸は式 1.23 から pH 7 で−2価が 78%，−1価
が 22%，平均 −1.78 価である．細かい議論でなければ，多くのリ
ン酸化合物についてリン酸基は中性で−2価と見なすのがふつう
だ．

1.6 酸化還元反応と電気化学

　酸化還元反応（redox reaction）は還元剤から酸化剤に電子が移
る反応で，生化学で重要な反応である．どちらからどちらに電子が

移るか，その方向を決めるギブズエネルギー変化（ΔG）は，酸化
還元反応を使った電池を組み立て，**起電力**（electromotive force：
emf）として測定する．

　まず硫酸銅 $CuSO_4$ 溶液と亜鉛 Zn の反応 1.24 を見よう（実験す
るなら亜鉛は粒または板を使用．粉末だと反応が激しくて危険）．

$$Zn + CuSO_4 \longrightarrow ZnSO_4 + Cu \tag{1.24}$$

これをイオン反応で示せば

$$Zn + Cu^{2+} \longrightarrow Zn^{2+} + Cu$$

この反応を 2 個の半反応に分ける（e^- は電子）．

$$Zn^{2+} + 2\,e^- \longleftarrow Zn$$
$$Cu^{2+} + 2\,e^- \longrightarrow Cu$$

どちらも金属イオンと金属の間の電子の授受だが，銅と亜鉛の組合
せでは亜鉛が酸化されて Zn^{2+} になり，銅イオン Cu^{2+} が還元される．
この電池（図 1.3）で亜鉛と銅を繋いだ導線では，亜鉛から銅に電
子（負電荷）が流れるので，亜鉛が負極，銅が正極となる．しかし
金属の組合せによって，たとえば銅と銀では，銅が酸化されるから
負極，銀極では Ag^+ が還元されるので正極になる（反応 1.25）．

$$Cu + 2\,Ag^+ \longrightarrow Cu^{2+} + 2\,Ag \tag{1.25}$$

　いろいろな酸化還元のペアを比較するため，標準電極に対する半
電池の起電力を測定し，記録する．標準電極としては**標準水素電極**
（standard hydrogen electrode：**SHE**）を用いる．SHE には活量 1
の H^+ 溶液，つまり pH 0 の溶液に標準状態の水素を通気し，電極
として水素電極反応を触媒する白金ブラックをコーティングした白

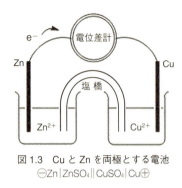

図 1.3 Cu と Zn を両極とする電池
⊖Zn｜ZnSO₄‖CuSO₄｜Cu⊕

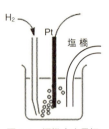

図 1.4 標準水素電極
電極表面は白金ブラック

金を用いる（図 1.4）．本書では水素の標準状態が 101.325 kPa として測定されたデータを使っている．

$$\frac{1}{2} H_2 \rightleftharpoons H^+ + e^- \quad (pH\ 0)$$

SHE と組み合わせて電池をつくると，亜鉛電極なら負，銅電極なら正の起電力をもつ．電極が標準状態（金属は純度 100%，イオンは活量 1）で構成されているときの電位を**標準電極電位** $\mathcal{E}^{o\prime}$ という．実際の起電力の測定では，維持操作の煩雑な SHE の代わりに，銀–塩化銀電極など操作しやすい標準電極で測定し，SHE に対する電位に換算する．生化学における酸化還元対の標準電極電位を表1.1 に示す．

　ここで FAD/FADH₂ 対は電極（白金電極など）と電子を授受できるので，標準電極と組み合わせた電池の起電力から電極電位を測定する．酵素的酸化還元反応では，2,6-ジクロロインドフェノール（DCIP），メチレンブルー（MB），メチルビオロゲン（MV）などの色素が種々の酵素的酸化還元対の仲介分子として使われる．しかし多くのデヒドロゲナーゼ（酸化還元酵素）で補酵素としてはたらく

表 1.1　生化学反応における酸化還元対の標準電極電位

半　反　応	$\mathcal{E}^{\circ\prime}/V$
$\frac{1}{2}O_2 + 2H^+ + 2e^- \rightleftharpoons H_2O$	0.815
$NO_3^- + 2H^+ + 2e^- \rightleftharpoons NO_2^- + H_2O$	0.421
Cyt a_3 $(Fe^{3+} + e^- \rightleftharpoons Fe^{2+})$ （ミトコンドリアの）	0.385
$O_2 + 2H^+ + 2e^- \rightleftharpoons H_2O_2$	0.281
Cyt c $(Fe^{3+} + e^- \rightleftharpoons Fe^{2+})$	0.235
Cyt c_1 $(Fe^{3+} + e^- \rightleftharpoons Fe^{2+})$	0.215
Cyt a $(Fe^{3+} + e^- \rightleftharpoons Fe^{2+})$ （ミトコンドリアの）	0.210
ユビキノン（CoQ）$+ 2H^+ + 2e^- \rightleftharpoons CoQH_2$	0.045
フマル酸$^{2-} + 2H^+ + 2e^- \rightleftharpoons$ コハク酸$^{2-}$	0.031
$H^+ + e^- \rightleftharpoons \frac{1}{2}H_2$（標準水素電極, pH 0）	0.000
クロトン酸$^{2-} + 2H^+ + 2e^- \rightleftharpoons$ 酪酸$^{2-}$	−0.024
$FAD + 2H^+ + 2e^- \rightleftharpoons FADH_2$（ミトコンドリアの）	−0.040
オキサロ酢酸$^{2-} + 2H^+ + 2e^- \rightleftharpoons$ リンゴ酸$^{2-}$	−0.166
ピルビン酸$^- + 2H^+ + 2e^- \rightleftharpoons$ 乳酸$^-$	−0.190
アセトアルデヒド$+ 2H^+ + 2e^- \rightleftharpoons$ エタノール	−0.197
$FAD + 2H^+ + 2e^- \rightleftharpoons FADH_2$（遊離の）	−0.219
アセト酢酸$^- + 2H^+ + 2e^- \rightleftharpoons$ 3-ヒドロキシ酪酸$^-$	−0.282
$O_2 + e^- \rightleftharpoons O_2^{-\cdot}$（スーパーオキシドイオン）	−0.29
$NAD^+ + H^+ + 2e^- \rightleftharpoons NADH$	−0.315
$NADP^+ + H^+ + 2e^- \rightleftharpoons NADPH$	−0.320
Cyt c_3 $(4Fe^{3+} + 4e^- \rightleftharpoons 4Fe^{2+})$ （4 Fe の平均）	−0.321
$H^+ + e^- \rightleftharpoons \frac{1}{2}H_2$ (pH 7)	−0.414
$CO_2 + H^+ + 2e^- \rightleftharpoons$ ギ酸$^-$	−0.431
$SO_4^{2-} + 2H^+ + 2e^- \rightleftharpoons HSO_3^- + OH^-$	−0.516
酢酸$^- + 3H^+ + 2e^- \rightleftharpoons$ アセトアルデヒド	−0.585

$T = 298.15$ K, pH 7. Cyt：シトクロム，FAD/FADH$_2$：フラビンアデニンジヌクレオチドとその還元型，NAD$^+$/NADH：ニコチンアミドアデニンジヌクレオチドとその還元型，NADP$^+$/NADPH：ニコチンアミドアデニンジヌクレオチドリン酸とその還元型．

NAD$^+$/NADH 対は電極とも色素分子とも電子を授受できず，PMS$^+$（フェナジンメトスルフェート）だけが NAP$^+$/NADH 対と電極の間の電子の授受を仲介できる．しかし PMS$^+$は明所で急速に劣化するので，光安定な 1-メトキシ PMS（MeO-PMS$^+$）を仲介分子として

電池を構成する（反応 1.26）.

$$\text{NADH} + \text{MeO–PMS}^+ \xrightleftharpoons \text{NAD}^+ + \text{MeO–PMSH} \qquad (1.26)$$

次に，酸化還元反応のギブズエネルギー変化と，酸化還元対の標準電極電位の関係を見るため，酸化剤 A^{n+} と還元剤 B の酸化還元反応（反応 1.27）を考えよう.

$$\text{A}^{n+} + \text{B} \longrightarrow \text{A} + \text{B}^{n+} \qquad (1.27)$$

この反応のギブズエネルギー変化は式 1.13 から式 1.28 と表せる.

$$\Delta G = \Delta G^{\circ\prime} + RT \ln \frac{[\text{A}][\text{B}^{n+}]}{[\text{A}^{n+}][\text{B}]} \qquad (1.28)$$

一方，この反応で電池を組み立て，その起電力が $\Delta \mathcal{E}$（単位は V：ボルト）とする．$\Delta \mathcal{E}$ の電位差で n 個の電子が流れるときに発生するエネルギーは $n\mathcal{F}\Delta\mathcal{E}$ である（式 1.29）.

$$\Delta G = -n\mathcal{F}\Delta\mathcal{E} \qquad (1.29)$$

ここで**ファラデー定数** $\mathcal{F}$ は電子1 molの電荷の絶対値 96,485 C（C：クーロン，電圧 V×電気量 C＝エネルギー J は電気学の法則）である．式 1.29 にマイナスがつくのは，発生したエネルギーが系から外界に流れ，系のエネルギーが減るからである.

生化学的標準状態の半電池を組み立てた電池の電位差を $\Delta\mathcal{E}^{\circ\prime}$ とすれば

$$\Delta G^{\circ\prime} = -n\mathcal{F}\Delta\mathcal{E}^{\circ\prime} \qquad (1.30)$$

式 1.28 に式 1.29 と式 1.30 を代入し，**ネルンスト（Nernst）式**（式 1.31）を得る.

$$\Delta\mathcal{E} = \Delta\mathcal{E}^{\circ\prime} - \frac{RT}{n\mathcal{F}} \ln \frac{[\mathrm{A}][\mathrm{B}^{n+}]}{[\mathrm{A}^{n+}][\mathrm{B}]} \tag{1.31}$$

$T = 298.15\,\mathrm{K}$ で常用対数に換算すれば

$$\Delta\mathcal{E} = \Delta\mathcal{E}^{\circ\prime} - \frac{0.05916}{n} \log \frac{[\mathrm{A}][\mathrm{B}^{n+}]}{[\mathrm{A}^{n+}][\mathrm{B}]} \quad (\text{単位は V})$$

　標準水素電極の電位を 0 V と定義し，H^+ の標準生成エネルギーを $\Delta G^{\circ\prime} = 0\,\mathrm{J}$ とするから，生化学的標準状態 (pH 7) における水素電極の電位は $-0.414\,\mathrm{V}$ であり，標準水素電極とは違う（表 1.1）．

[問題 1.4]　$\mathrm{NAD}^+/\mathrm{NADH}$ 対と $\mathrm{CoQ}/\mathrm{CoQH_2}$ 対の組合せではどちらが酸化されるか？　そのときの標準ギブズエネルギー変化は？

[解]　$\mathrm{NAD}^+ + 2\,\mathrm{e}^- + \mathrm{H}^+ \longrightarrow \mathrm{NADH} \qquad \Delta\mathcal{E}^{\circ\prime} = -0.315\,\mathrm{V}$

　　　　$\mathrm{CoQ} + 2\,\mathrm{e}^- + 2\,\mathrm{H}^+ \longrightarrow \mathrm{CoQH_2} \qquad \Delta\mathcal{E}^{\circ\prime} = 0.045\,\mathrm{V}$

これより標準電極電位の低い $\mathrm{NAD}^+/\mathrm{NADH}$ 対が還元剤，高い $\mathrm{CoQ}/\mathrm{CoQH_2}$ 対が酸化剤となって次の反応が起こる．

　　　　$\mathrm{NADH} + \mathrm{CoQ} + \mathrm{H}^+ \longrightarrow \mathrm{NAD}^+ + \mathrm{CoQH_2}$

$$\Delta\mathcal{E}^{\circ\prime} = 0.045 - (-0.315) = 0.360\,\mathrm{V}$$

したがって，この反応における標準ギブズエネルギー変化は

$$\Delta G^{\circ\prime} = -n\mathcal{F}\,\Delta\mathcal{E}^{\circ\prime} = -2 \times 96{,}485 \times 0.360$$
$$= -69{,}469\,\mathrm{J\ mol}^{-1} = -69.47\,\mathrm{kJ\ mol}^{-1}$$

　NADH の CoQ による酸化は細胞内のミトコンドリアで複合体 I という複合酵素系で触媒される．このときのギブズエネルギー変化が生きものにとってどんな役に立つかは，§4.4 の話題である．

1.7　加水分解，転移とリン酸基転移ポテンシャル

　加水分解（hydrolysis）も生化学で重要な反応である．一般式 A−B（A 基と B 基の共有結合化合物）の加水分解を式 1.32 に示す．

$$A-B + H-OH \longrightarrow A-OH + H-B \qquad (1.32)$$

この加水分解反応では分子 A-B の A 基を B 基から水の OH 基に転移させるので，加水分解は**転移反応**の一種である．

　タンパク質や糖質，脂質の加水分解はそれぞれに特異的な酵素により触媒され，栄養素の消化や細胞内の不要高分子の除去にはたらく重要なプロセスだが，ここでは細胞のエネルギー代謝に関わるリン酸エステルの加水分解とリン酸基転移反応を取り上げる．

　表 1.2 に各種化合物の加水分解と，その $\Delta G^{\circ\prime}$ を示す．リン酸化合物の加水分解に注目すれば $\Delta G^{\circ\prime}$ 値に大きな差がある．

　まずグルコース 6-リン酸（G6P）の加水分解の逆反応，グルコースと無機リン酸(Pi, i は inorganic) から G6P をつくる反応 1.33 を考えよう．

$$\text{グルコース} + Pi^{2-} \longrightarrow G6P^{2-} + H_2O$$
$$\Delta G^{\circ\prime} = 13.15 \text{ kJ mol}^{-1} \qquad (1.33)$$

（§1.5 で述べたように，リン酸化合物の電荷は中性では端数だが，化学式では Pi^{2-}，$G6P^{2-}$ などと整数で表示し，本文中では Pi，G6P などと電荷は示さない．他の分子も同様．）

グルコースと Pi からの G6P 合成は $\Delta G^{\circ\prime} > 0$ だから進行しないが，ATP の加水分解（反応 1.34）と組み合わせれば $\Delta G^{\circ\prime} < 0$ になる．

$$ATP^{4-} + H_2O \longrightarrow ADP^{3-} + Pi^{2-} + H^+$$
$$\Delta G^{\circ\prime} = -31.59 \text{ kJ mol}^{-1} \qquad (1.34)$$

反応 1.33 と反応 1.34 を別々に行うのではなく，ATP からグルコースにリン酸基を直接移す酵素があって，反応 1.33 と反応 1.34 を組み合わせれば反応 1.35 の $\Delta G^{\circ\prime} < 0$ の反応になる．

表 1.2　各種化合物の加水分解とその $\Delta G^{\circ\prime}$

化 合 物	$\Delta G^{\circ\prime}$/kJ mol^{-1}
ホスホエノールピルビン酸（PEP）	-60.41
1,3-ビスホスホグリセリン酸（1,3-BPG）	-50.19
cAMP（→ AMP）	-50.06
アセチルリン酸	-43.87
ATP（→ AMP+PPi）	-43.28
ホスホクレアチン	-43.10
ADP（→ AMP+Pi）	-31.94
ATP（→ ADP+Pi）	-31.59
α-グルコース 1-リン酸（G1P）	-20.35
PPi（→ 2 Pi）	-20.25
DNA（ホスホジエステル結合の加水分解）	約-20
AMP（→ アデノシン+Pi）	-13.69
フルクトース 6-リン酸（F6P）	-13.53
グルコース 6-リン酸（G6P）	-13.15
グリセロール 3-リン酸	-9.37
アミド（ペプチド，グルタミンなど）	約-14
エステル（酢酸エチルなど）	約-20
アセチル-CoA（チオエステル）	-34.85
スクシニル-CoA（チオエステル）	-38.30
スクロース	-28.85
α1,4-グルコシド結合（グリコーゲンの）	-17.35
α1,6-グルコシド結合（グリコーゲンの）	-7.10

（左列の分類：上段「リン酸化合物」，下段「その他」）

加水分解の $\Delta G^{\circ\prime}$ は溶液のイオン強度や金属イオンにより変動する．リン酸化合物では原則として 298.15 K，[Mg^{2+}]=1 mM，イオン強度 0.1 の値を載せるが，他の条件の測定値もある．§4.3 にはチオエステル，§5.1 では DNA に関する話題がある．

$$\text{グルコース} + \text{ATP}^{4-} \longrightarrow \text{G6P}^{2-} + \text{ADP}^{3-} + \text{H}^+$$
$$\Delta G^{\circ\prime} = 13.15 - 31.59 = -18.44 \text{ kJ mol}^{-1} \tag{1.35}$$

このようにリン酸化合物の加水分解の $\Delta G^{\circ\prime}$ は，他の化合物をリン酸化する能力を表すので，その絶対値を**リン酸基転移ポテンシャル**という．

　ここで初登場の **ATP** はアデノシン三リン酸（図1.5），**ADP** はアデノシン二リン酸，これに **AMP**，アデノシン一リン酸を加えた三者はこれから何度も登場するエネルギー代謝の主役分子である．

　ATP からリン酸基の転移，またはその逆反応を触媒する酵素を**キナーゼ**（kinase）という．反応 1.35 は酵素ヘキソキナーゼが触媒する解糖の出発反応で（§4.2），解糖の後のステップで，ADP はリン酸基転移ポテンシャルがATPより高い1,3-BPGやPEP（表1.2）

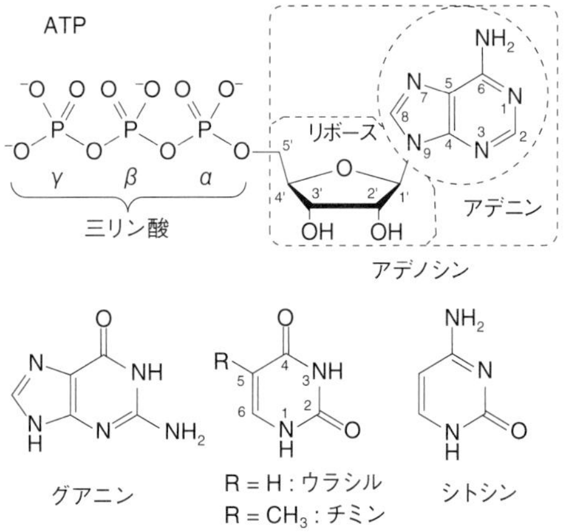

図1.5　ATP（アデノシン三リン酸）と関連分子

塩基（点線丸）がアデニンのとき，β-リボシド（リボース β1′との結合体）をアデノシンという．グアニンならグアノシン，ウラシルならウリジン，シトシンならシチジンという．DNA に含まれる塩基チミンがリボースの 2′-OH のないデオキシリボースと結合したものをチミジンという．アデニンとグアニンを**プリン塩基**といい，9位でリボシド結合をつくる．ウラシル，シトシン，チミンは**ピリミジン塩基**といい，1位でリボシド結合をつくる．三リン酸のリン酸基はリボースに近いほうから α, β, γ リン酸基とよぶ．ATP のアデニンをグアニンに換えればグアノシン三リン酸（GTP），ウラシルに換えればウリジン三リン酸（UTP），シトシンに換えればシチジン三リン酸（CTP）になる．ATP, GTP, UTP, CTP をヌクレオシド三リン酸（NTP）と総称する．

からリン酸基転移を受けて ATP を再生する．ATP の再生には酸化
的リン酸化（§4.4）と，光合成における光リン酸化という手段も
ある．

リン酸基転移ポテンシャルが $30\,kJ\,mol^{-1}$ 以上の化合物（表1.2
で ATP と，それより上位）を少し不正確な表現だが**高エネルギー
化合物**とよぶ．そのなかで ATP は細胞内エネルギー通貨といわれ，
栄養素の酸化など ΔG 値が負に大きい反応と共役して ADP とリン
酸イオンから合成され（稼ぎ），その加水分解（支出）で放出され
るギブズエネルギーを使って，筋肉収縮など物理的仕事，生体分子
の合成など化学的仕事，細胞内や生体膜を隔てる物質輸送，病原菌
やウイルスに対抗する防御の仕事など，生命活動に必要な仕事を駆
動する．ATP とよく似た GTP（図1.5）も生命活動で大活躍する
（§5.2）．

1.8　化学反応速度論と熱力学

いろいろな化学反応を，熱力学的にギブズエネルギーの観点から
眺めてきたが，ここでは化学反応速度を考える．

水溶液の反応 A→P の反応速度を v とする（v の単位は $mol\,s^{-1}$
だが，溶液反応ではモル濃度 [A] の減少速度 $-d[A]/dt$ をさす）．
これが [A] に比例すれば，比例定数（**速度定数**, rate constant）
を k として式1.36のように表す．

$$v = -\frac{d[A]}{dt} = k[A] \tag{1.36}$$

反応速度が [A] の一次式だから，この型の反応を**一次反応**（first-
order reaction）という．変形して

$$\frac{\mathrm{d}[A]}{[A]} = -k \; \mathrm{d}t$$

これを積分して

$$\int \frac{1}{[A]} \, \mathrm{d}[A] = -k \int \mathrm{d}t$$

$$\ln [A] = -kt + \ln [A]_0$$

ここで $\ln [A]_0$ は積分定数，$[A]_0$ は初濃度つまり反応開始時（$t=0$）の A の濃度である．これより一次反応の速度式 1.37 が導かれる．

$$[A] = [A]_0 \, \mathrm{e}^{-kt} \tag{1.37}$$

　A の濃度が初濃度 $[A]_0$ の 1/2 になるまでの時間を**半減期**（half-life）といい，$t_{1/2}$ で表すと $0.5[A]_0 = [A]_0 \, \mathrm{e}^{-kt_{1/2}}$，これより

$$t_{1/2} = -\frac{\ln 0.5}{k} = \frac{\ln 2}{k} = \frac{0.693}{k} \tag{1.38}$$

つまり半減期は初濃度 $[A]_0$ に無関係で，半減期を秒（s）の単位で測定すれば一次速度定数 k（単位は s^{-1}）が求まる．

　同じ反応 A→P において，A と A が衝突して生成物 P ができるとすれば，反応速度は式 1.39 のように $[A]^2$ に比例する**二次反応**（second-order reaction）になるはずである．

$$-\frac{\mathrm{d}[A]}{\mathrm{d}t} = k [A]^2 \tag{1.39}$$

これを変形して積分すると，式の誘導は省くが，時刻 t における $[A]$ として式 1.40，半減期 $t_{1/2}$ として式 1.41 が得られる．

$$[A] = \frac{[A]_0}{kt [A]_0 + 1} \tag{1.40}$$

$$t_{1/2} = \frac{1}{k [A]_0} \tag{1.41}$$

二次速度定数 k の単位は $s^{-1} M^{-1}$，半減期は初濃度に反比例する．

A+B→P+Q 型反応で初濃度 $[A]_0$ と $[B]_0$ が等しければ，速度式は式 1.40 と同じ，半減期も式 1.41 と同じになる．$[A]_0$ と $[B]_0$ が異なるとき，計算は煩雑だが解は得られる．数学が得意なら挑戦しよう．

一方，$[A]_0$ に対し $[B]_0$ を 10 倍以上にして反応を始めると，反応の進行に伴って $[A]$ が減少しても $[B]$ はほとんど変わらないので，反応速度 v は $[A]$ に対し一次，$[B]$ に対して 0 次（無関係）となる．この場合，反応は**擬一次反応**（pseudo-first-order reaction）であるという．

酵素**カタラーゼ**（catalase）は細胞内の O_2 代謝で副成する過酸化水素 H_2O_2 を分解して無害にする反応 1.42 を触媒する（§4.4）．

$$H_2O_2 \text{（水溶液）} \longrightarrow H_2O + \frac{1}{2} O_2$$
$$\Delta G^{\circ\prime} = -103.07 \text{ kJ mol}^{-1} \qquad (1.42)$$

この酵素の速度論研究によれば，$[H_2O_2]$ に関して一次反応であった．したがって，酵素分子上の 1 分子反応であり，2 分子の H_2O_2 がぶつかって O_2 を発生するのではない．しかし酵素分子上で 1 分子の H_2O_2 から O_2 は生じないから，いかにして O_2 発生に至るか，という酵素メカニズムは速度論では解決できない．スペクトル，立体構造などの物理化学的手段を駆使して調べた反応機構によれば，カタラーゼはホモ四量体で，最初の 1 分子の H_2O_2 の還元が律速だが，そのあともう 1 分子の H_2O_2 と反応することで 1 分子の O_2 を遊離するという，速度論の結果に矛盾しないメカニズムが考えられている．

ギブズエネルギー変化 ΔG はある化学反応が進行するかどうかの判定に役立つが，その反応速度については予測できないと述べた

（§1.1）．しかし反応速度に熱力学を応用した天才 Henry Eyring の**遷移状態説**では，A＋B→P＋Q 型反応において A 分子と B 分子が衝突して不安定な中間体 $AB^{\ddagger}$ をつくると仮定する（式 1.43）．この $AB^{\ddagger}$ を**遷移状態**（transition state）といい，遷移状態をつくるときのギブズエネルギー変化 $\Delta G^{\ddagger}$ を**活性化エネルギー**とよぶ.

$$A + B \rightleftharpoons AB^{\ddagger} \tag{1.43}$$

この平衡定数を $K^{\ddagger}$ とすれば，式 1.16（$K_{eq}=e^{-\Delta G^{\circ\prime}/RT}$）より

$$K^{\ddagger} = \frac{[AB^{\ddagger}]}{[A][B]} = e^{-\Delta G^{\ddagger}/RT} \tag{1.44}$$

$AB^{\ddagger}$ が P＋Q に分解すれば反応が進む．その反応速度 v は $[AB^{\ddagger}]$ に比例するはずだから，比例定数を $k^{\ddagger}$ とすれば式 1.44 より

$$v = k^{\ddagger}[AB^{\ddagger}] = k^{\ddagger}e^{-\Delta G^{\ddagger}/RT}[A][B] \tag{1.45}$$

遷移状態説によれば，式 1.45 の比例定数 $k^{\ddagger}$ は次式で表される.

$$k^{\ddagger} = \frac{\kappa k_B T}{h}$$

ここで κ は**透過係数**といい，$AB^{\ddagger}$ が A＋B に逆戻りせず P＋Q に分解する確率で，$0.5 < \kappa < 1$，$k_B = 1.3807 \times 10^{-23}$ J K^{-1} はボルツマン定数，$h = 6.626 \times 10^{-34}$ J s はプランク定数，T は絶対温度である．κ は正確には見積もれないが，$\kappa = 1$ と仮定し，速度定数 k を式 1.46 で表す.

$$v = k[A][B]$$

$$k = \frac{k_B T}{h} e^{-\Delta G^{\ddagger}/RT} = 2.084 \times 10^{10} T e^{-\Delta G^{\ddagger}/RT} \tag{1.46}$$

$T = 298.15$ K のとき，$\Delta G^{\ddagger} = 100$ kJ mol^{-1} なら $k = 1.88 \times 10^{-5}$ s^{-1}，$\Delta G^{\ddagger} = 80$ kJ mol^{-1} なら $k = 6.0 \times 10^{-2}$ s^{-1}，$\Delta G^{\ddagger} = 60$ kJ mol^{-1} なら

$k=1.91\times10^2\,\mathrm{s}^{-1}$，$\Delta G^{\ddagger}=40\,\mathrm{kJ\,mol}^{-1}$なら$k=6.1\times10^5\,\mathrm{s}^{-1}$と活性化エネルギーが$20\,\mathrm{kJ\,mol}^{-1}$低くなるごとに$k$は約3200倍になる．$20\,\mathrm{kJ\,mol}^{-1}$とは水素結合1個のギブズエネルギーに相当する．酵素は特定の反応を促進するためいろいろな手段を使うが，Linus Pauling は酵素が遷移状態と結合して（たとえば水素結合をつくるなどして）安定化することで活性化エネルギー $\Delta G^{\ddagger}$ を低下させるのだという**遷移状態優先結合**の考えを唱え，広く受け入れられている．

式 1.46 の自然対数をとって k と T の関係を見よう（式 1.47）．

$$\ln k = \ln\left(\frac{k_{\mathrm{B}}}{h}\right) + \ln T - \frac{\Delta G^{\ddagger}}{RT} \tag{1.47}$$

ここで第1項は T に無関係，第2項と第3項は T の関数だが，通常の反応条件 $273<T<373$ では第3項に比べ第2項の温度依存性は $1/10$ 以下なので，$\ln k$ の温度依存は主として第3項によると考え，$1/T$ に対して $\ln k$ をプロットし，得られる直線の勾配（$=\Delta G^{\ddagger}/R$）から $\Delta G^{\ddagger}$ を測定する．これを**アレニウスプロット**というが，Svante Arrhenius がこの方法を考えたのは Eyring の生まれる前である．

生体内の化学反応のほとんどは酵素が触媒する．酵素を含め**触媒**（catalyst）はある反応が平衡に達するまでの速度を速めるが，その反応の $\Delta G^{\circ\prime}$ は変えない．したがって K_{eq} も変えない．酵素反応速度は基本的に通常の化学反応速度論の考えで扱えるが，特別な用語もあり，§4.1 で説明する．

[**問題 1.5**]　(1) 経験的に，室温付近での化学反応速度は $10\,℃$ 上昇すると $2\sim3$ 倍になるという．この経験則が成り立つためには，遷移状態説における活性化エネルギー $\Delta G^{\ddagger}$ がどの範囲にあるはずか？

(2) 酵素が熱変性しない範囲で，酵素反応速度の 10℃ 上昇による速度変化は非酵素反応に比べて大きいか，小さいか？

[解] (1) 室温付近の温度上昇を 303 K から 313 K とし，この間での反応速度比，v_{313}/v_{303} を考える．式 1.46 より

$$\frac{v_{313}}{v_{303}} = \frac{313 \, e^{-\Delta G^{\ddagger}/R313}}{303 \, e^{-\Delta G^{\ddagger}/R303}}$$

$$= \frac{313}{303} \times \exp\left[\left(\frac{\Delta G^{\ddagger}}{R}\right)\left(\frac{1}{303} - \frac{1}{313}\right)\right]$$

$$= \frac{313}{303} \times e^{0.0000127 \Delta G^{\ddagger}} \quad (\Delta G^{\ddagger} \text{の単位：J mol}^{-1})$$

$$= \frac{313}{303} \times e^{0.0127 \Delta G^{\ddagger}} \quad (\Delta G^{\ddagger} \text{の単位：kJ mol}^{-1})$$

$\dfrac{v_{313}}{v_{303}} = 2$ なら $e^{0.0127\Delta G^{\ddagger}} = 1.936$ より $\Delta G^{\ddagger} = 52 \, \text{kJ mol}^{-1}$

$\dfrac{v_{313}}{v_{303}} = 3$ なら $e^{0.0127\Delta G^{\ddagger}} = 2.904$ より $\Delta G^{\ddagger} = 84 \, \text{kJ mol}^{-1}$

活性化エネルギーは約 50 から 85 kJ mol^{-1} の範囲にある．

(2) 10℃ 上昇による酵素反応速度変化は非酵素反応に比べて小さいと予想する．理由：酵素反応は活性化エネルギーが低いから．

[参考] 筆者(T. Y.)の実験ノートによれば，**ヒドロゲナーゼ**（H$_2$ 分子を可逆的に活性化する酵素）の 10℃ 上昇による反応速度変化は，**パラ水素**と**オルト水素**の変換（水素分子の2個の原子核の核スピンが同方向ならオルト水素，逆方向ならパラ水素．酵素が H$_2$ をつかまえれば H–H の共有結合を切らなくても変換する）では 1.3 倍（$\Delta G^{\ddagger} = $ 18 kJ mol^{-1}），還元型シトクロム c_3 からの H$_2$ 発生（H$^+$ の二電子還元でヒドリド H$^-$ をつくり，これと H$^+$ を共有結合させて H–H にする）では2倍（$\Delta G^{\ddagger} = 52$ kJ mol^{-1}）であった．酵素が H$_2$ と結合するときの活性化エネルギーよりも，H$^+$ を H$^-$ に還元し，もう1個の H$^+$ と共有結合させる反応のほうが活性化エネルギーが大きい．

第2章

タンパク質の構造と機能

　ヒトは2万あまりの遺伝子をもち，これらから10万種類程度の
タンパク質がつくられる．ヒトの細胞内には数十億個のタンパク質
分子が50〜300 mg mL^{-1} という高濃度で詰め込まれている．細胞
は，約300万個のリボソーム上で毎秒6アミノ酸残基の速度で，場
合によっては細胞エネルギーの75%を使ってこれらのタンパク質
を合成する．

　タンパク質は大きさも寿命もさまざまである．典型的なタンパク
質は数百アミノ酸残基からなるが，数アミノ酸からなるペプチドか
ら，たとえば筋タンパク質のタイチンは分子量390万に達する．寿
命も数分で分解されるタンパク質から，水晶体のクリスタリン，繊
維状タンパク質のエラスチンやコラーゲン，歯のエナメル質や象牙
質の構成タンパク質のように，一生安定なタンパク質もある．

2.1　アミノ酸

　タンパク質は20種類の標準**アミノ酸**（amino acid）からなる高
分子である．20種類の標準アミノ酸はカルボキシ基と第一級アミ
ノ基（−NH$_2$，プロリン以外のアミノ酸）または第二級アミノ基
（>NH，プロリンのみ）をもち，おのおの側鎖の構造が異なる（図
2.1）．標準アミノ酸の名称と構造をp.94に載せた．

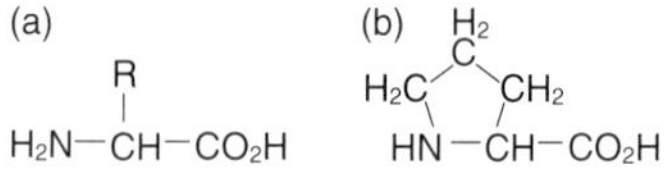

図 2.1　標準アミノ酸
(a) プロリン以外．(b) プロリン．

　側鎖（R）には無極性（非極性）のもの，極性無電荷のもの，電荷のある極性のものがあり，側鎖の性質の違いがタンパク質の構造や性質の多様性を支えている．側鎖が水素原子のグリシン以外のアミノ酸では，C_α 炭素は不斉炭素であり光学活性となる（天然の標準アミノ酸は L 体）．中性 pH の水溶液中では，アミノ酸のアミノ基とカルボキシ基はイオン化するので，正負両方の解離基をもつ両性イオン（双極イオン）分子となる．アミノ酸のアミノ基とカルボキシ基の間でペプチド結合というアミド結合がつくられて縮合し，鎖状の縮合体をペプチド，縮合度が大きいものを**ポリペプチド**とよぶ．タンパク質は1本または2本以上のポリペプチド鎖からなる高分子である．

　ポリペプチドの2つの末端のうち，遊離アミノ基が残るほうを**アミノ末端（N末端）**，カルボキシ基が残るほうを**カルボキシ末端（C末端）** とよぶ（図 2.2）．生体内のタンパク質では N 末端のアミノ基は修飾されている場合もある．側鎖以外のペプチド結合に関わる原子のつながりを主鎖という．ペプチド結合の C−N まわりで回転が起こりうるが，実際には C−N 結合はカルボニル基の二重結合をつくる π 電子が一部流れ込むため，ペプチド結合に関わる6原子は平面性をもつ．その結果 C−N 結合まわりには2つの異性体が存在しうるが，一般には C−N 結合の反対側に C_α 原子がくるトランス形をとる（タンパク質中では 0.03〜0.05％ がシス形，図 2.3）．ただしプロリン残基の直前のペプチド結合ではシス形もとりうる

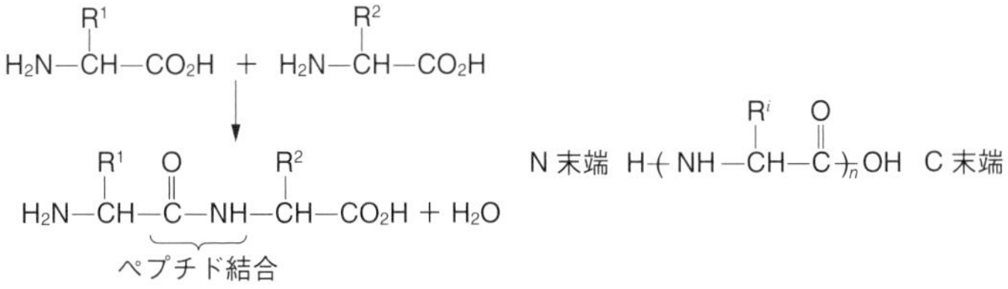

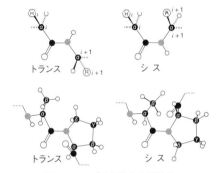

図2.2 ペプチド結合と末端

図2.3 ペプチド結合の異性体

（タンパク質中では5~6% がシス形）が，それでもシス-トランス
異性変換は遅く，タンパク質の立体構造形成の律速段階となりう
る．

2.2 タンパク質中の解離基

　タンパク質は N 末端の α-アミノ基，C 末端の α-カルボキシ基，
側鎖の解離基を多数もつ多塩基酸である．ヘンダーソン・ハッセル
バルヒ式（式1.23）から pH＝pK_a のとき ［塩基］＝［酸］（［解離型］
＝［非解離型］）となる．

　タンパク質中の解離基で pK_a が酸性 pH にあるものは C 末端,
Asp, Glu の側鎖のカルボキシ基, 中性 pH にあるものは His の側
鎖(イミダゾール環), 弱アルカリ性にあるものは N 末端の α-ア
ミノ基, Cys の側鎖(メルカプト基, スルフヒドリル基ともい
う), アルカリ性 pH にあるものは Lys の側鎖(ε-アミノ基), Tyr
の側鎖(フェノール性ヒドロキシ基), Arg の側鎖(グアニジノ基)
である. 一般にタンパク質は α-アミノ基は 1 つ, His はそれほど多
く含まないので, pH が 3～5 と 9 以上で強く緩衝化され, pH 5～9
では緩衝作用が弱い(したがって, タンパク質の精製や分析におい
ては pH を中性付近に保つために緩衝液を用いることが多い). 生
体内でもタンパク質以外の成分の緩衝作用により, 多くの場合 pH
は中性付近に保たれている. 血液の pH は 7.4 付近であり, pH が 7.1
くらいまで下がると**アシドーシス**, 7.6 まで上がると**アルカローシ
ス**という. 細胞内でもサイトゾル(細胞内のオルガネラ以外の水溶
性区画)の pH は 7.4 付近であるが, さまざまな加水分解酵素を
もつオルガネラ(細胞小器官)であるリソソーム/液胞内の pH は
ATPase によるプロトンの汲入れによって弱酸性に保たれている.
これらのオルガネラから万一分解酵素が漏出しても最適 pH が低い
ため, サイトゾルでははたらきにくい.

　一般に分子の平均実効電荷がゼロのときの pH, 言い換えれば電
場内で移動が起こらないときの pH を**等電点**(pI)という. pI がア
ルカリ性 pH にあるタンパク質は中性 pH では正に荷電しており,
塩基性タンパク質という. pI が酸性 pH にあるタンパク質は中性 pH
では負に荷電しており, 酸性タンパク質という. 等電点は, 実験的
には等電点電気泳動で測定することができる. 等電点電気泳動で
は, 広い pI 分布をもつ多電荷のポリマー(両性担体)を用いて,
その緩衝作用により pH 勾配をつくって電気泳動を行う. pH=pI

のところでは，タンパク質が陽極側にも陰極側にも移動しなくなる
ので，pI 既知のマーカータンパク質を同時に電気泳動すれば，等
電点がわかる．等電点電気泳動は pI が 0.001 しか違わないタンパ
ク質でも分離できるため，数百種類のタンパク質混合物の量比を分
析するプロテオーム解析において，分子の大きさでタンパク質を分
離する SDS（ドデシル硫酸ナトリウム）ポリアクリルアミド電気
泳動と組み合わせた二次元電気泳動を行うことで威力を発揮する．

　　タンパク質中では解離基の pK_a は，周囲の“ミクロ環境”の影
響で，標準的な pK_a からずれることが多い[1]．こうした pK_a のずれ
を与える要因はさまざまであるが，近くに点電荷や双極子が存在す
ると静電効果で pK_a は変化する．たとえば正電荷が近くにあると
pK_a は低くなり，負電荷が近くにあると pK_a は高くなる．また解離
基がタンパク質分子内部の疎水領域（無極性の環境）にあると，電
荷が生み出される反応は起こりにくくなるので，たとえばカルボキ
シ基の pK_a は高くなり，アミノ基の pK_a は低くなる．また解離基
は極性が高いのでしばしば水素結合に関与するが，解離基のプロト
ン化型が水素結合の供与体になると H^+ の放出が阻害されて pK_a が
高くなり，脱プロトン型が水素結合の受容体になると pK_a は低く
なる．解離基の pK_a が変わると，解離基の反応性が変わることで
たとえば酵素の触媒活性が変化し（§4.1），荷電状態が変わること
でタンパク質分子内，あるいは他の分子との相互作用における静電
的相互作用や水素結合が変化する．pH を変えれば，逆にタンパク
質中の解離基の解離状態（荷電状態）が変わるので，機能や構造が

1）アミノ酸（AA）の側鎖の pK_a は問題 4.7 に載せたが，この値は近接する α-アミ
　ノ基と α-カルボキシ基の影響を受けるため，標準的な pK_a としては使えない．電
　荷の影響を減らした N-メチル-AA-メチルアミドや Gly-AA-Gly の AA の側鎖のア
　ミノ酸の pK_a を標準的な側鎖の pK_a として使う場合が多い．

変化するのも当然である.

2.3　二次構造

　タンパク質の構造には階層性がある. ポリペプチド鎖のアミノ酸の直鎖状配列を**一次構造**（primary structure, ジスルフィド結合の架かり方を含めることもある），主鎖の規則的な部分立体構造を**二次構造**（secondary structure），ポリペプチド鎖全体の立体構造を**三次構造**（tertiary structure），複数のポリペプチド鎖（サブユニット）の空間配置を**四次構造**（quaternary structure）という.

　主鎖のコンホメーションは $N-C_\alpha$ まわりの二面角 ϕ（ファイ），$C_\alpha-C'$（C'はカルボニル炭素）まわりの二面角 ψ（プサイ），$C'-N$ まわりの二面角 ω（オメガ）で記述することができる（図2.4）. プロリン以外では $\omega = 180°$ なので実質的には ϕ と ψ で表せることになる.

　コンホメーションの自由度，すなわち二面角 ϕ と ψ には立体的な制約がある. たとえば $\phi = \psi = 0°$ は主鎖がぶつかってしまうので, ありえない. ϕ と ψ との関係をプロットした図を**ラマチャンド**

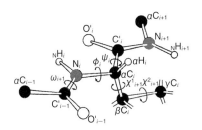

図2.4　ポリペプチド主鎖のコンホメーション
$_\alpha C_{i-1}$は$i-1$番アミノ酸のα炭素, C'とO'はカルボニル基の炭素と酸素, $_N H$はアミドのH, $_\alpha H$はα水素, ϕ, ψ, ω は二面角である.

ラン（Ramachandran）**プロット**（または**ラマチャンドランダイアグラム**）というが，このプロット上で ϕ と ψ が許される領域（ϕ と ψ の組合せ）は側鎖に依存し，限定されている（図2.5）．X線結晶解析（§6.14）やNMR（§6.12）を用いてタンパク質の立体構造を決定するとき，主鎖の ϕ と ψ とがラマチャンドランダイアグラム上の許容領域内にあるかどうかは，決定構造の妥当性を評価する指標となる．

　二次構造はポリペプチド主鎖の規則的で周期的な折れたたみである．二次構造単位は規則的で系統的な主鎖の水素結合の形成によって生じるが，そのひとつの要因はタンパク質内部の疎水コア（後述）に極性の高い主鎖をもってくるためには主鎖の極性基（NHとC＝O）の極性度を，水素結合をつくることで下げる必要があるからである．タンパク質のアミノ酸配列は多様だが，**α ヘリックス**や **β シート**のような一定の ϕ と ψ とが反復して現れる規則的な二次構造は普遍的で，タンパク質の種類を超えて共通して見られる．

　右巻き α ヘリックス（図2.6）は3.6残基で1回転，ピッチが5.4

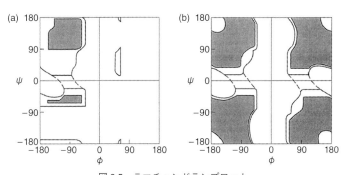

図2.5　ラマチャンドランプロット
Ala（a）とGly（b）の場合の（ϕ, ψ）の許容範囲を示す（実線で囲んだ範囲のうち，完全許容範囲はグレー，部分許容範囲は白）．

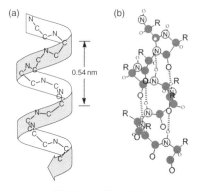

図 2.6 *α* ヘリックス
(a) ペプチド主鎖. (b) 水素結合（破線）と側鎖（R）も示す. グレーの
丸：C, 大きい白丸：O, 小さい白丸：H.

Å（0.54 nm）のらせん構造で, n 番目の残基の C=O と $n+4$ 番目
の残基の NH の間にらせん軸と平行に水素結合がつくられ, ϕ と ψ
がすべて $-57°$ と $-47°$ となる（現実のタンパク質のヘリックスを
構成する残基では, 上記の理想値から $20°$ もずれることがあるが,
ヘリックスを構成する全残基の ϕ と ψ の平均値は理想値からさほ
どずれない）. 側鎖はらせんの外側を向くので, かさ高くなけれ
ばらせん構造の形成を邪魔しないように見える. しかし実際にはア
ミノ酸残基によって *α* ヘリックスの安定性に与える影響が異なる.
とくに Pro は水素結合に関わる NH をもたず, 側鎖の C 原子が主
鎖の N 原子に共有結合するため *α* ヘリックスに適さない. それで
も *α* ヘリックスの末端には Pro がしばしば見られるし, *α* ヘリック
ス内でも1残基なら Pro が含まれる場合がある. *α* ヘリックス内の
Pro はらせん構造を局所的に歪めて曲げるはたらきがある.
　α ヘリックスで各側鎖が軸に対してどの方向を向くかは, **ヘリカ
ルホイールプロット**（図 2.7）をするとわかる. *α* ヘリックスで,

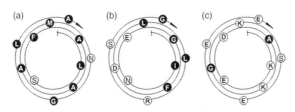

図 2.7　ヘリカルホイールプロット
黒丸は疎水性，グレーの丸は極性無電荷，白丸は極性荷電の側鎖をもつアミ
ノ酸残基（一文字表記）.
（a）クエン酸シンターゼ（疎水性ヘリックス），（b）アルコールデヒドロゲ
ナーゼ（両親媒性ヘリックス），（c）トロポニン C（親水性ヘリックス）.

軸に対して片面に疎水残基，反対側面に親水残基が並ぶと，**両親媒
性ヘリックス**となる．両親媒性ヘリックスはタンパク質分子の表
面，すなわちタンパク質内部（疎水性）とまわりの水との界面に見
られる．膜結合性の短いペプチドが脂質二分子膜に結合するときに
も，膜面に平行な両親媒性ヘリックスをつくる．タンパク質中では
親水残基だけからなる α ヘリックスも見られるが，短い親水性ペ
プチドが単独で水溶液中で安定な α ヘリックスをつくることは難
しく，α ヘリックスとほどけた状態（ランダムコイル）の間を速く
交換する平衡状態となる．

　n 番目の残基の C=O と $n+3$ 番目の残基の NH の間に水素結合
ができて生じるらせん構造を**3_{10}ヘリックス**，n 番目の残基の C=O
と $n+5$ 番目の残基の NH の間に水素結合ができて生じるらせん構
造を**π ヘリックス**という．3_{10} ヘリックスは α ヘリックスの端など
にしばしば見られるが，4 残基以上の長さになることはまれであ
る．π ヘリックスはタンパク質中ではリガンド結合部位など限られ
た部分にしか見られない．

　β シート（図 2.8）は伸びたコンホメーションの **β ストランド**（β

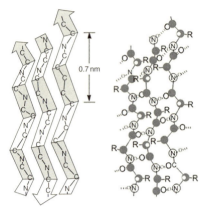

図 2.8　β シート

鎖）どうしが平行，あるいは逆平行に複数並んで，隣接する β 鎖
の NH と C=O の間に交互に水素結合がつくられることで形成され
る．β 鎖の側鎖は 1 残基ごとに反対方向に，β 鎖がつくる β シート
面から垂直に突き出し，同じ向きの側鎖の間隔は 7.0Å（0.7 nm）で
ある．β シートは β ストランドが次々に隣接して水素結合を形成す
ることで，拡大できる．しかし拡大した β シート面は平面ではな
く，ポリペプチド鎖の方向にながめると，大きく右巻きにねじれ
る．Tyr や Lys のポリマーは，分子間水素結合によって β シート構
造をつくることができるが，β シートは次々に拡大してしまうた
め，不溶性の凝集体となる．

　隣接する β 鎖を繋ぐためには，逆平行 β シートの場合は短いター
ン構造で十分だが，平行 β シートの場合は β シート平面を乗り越
えて繋ぐために長いループ構造が必要となる．逆平行 β シートの
隣接ストランドを繋ぐ逆ターン（**β ターン**）は 4 つの連続したアミ
ノ酸残基からなり，Ⅰ型とⅡ型がある（図 2.9）．どちらの逆ターン

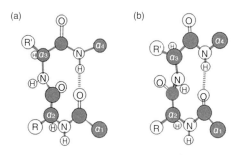

図 2.9　逆ターン（β ターン）

α1，α2，α3，α4 はアミノ酸残基の α-炭素で，数字はアミノ酸残基の番号．
Type Ⅰ（a）では 1-2 番残基は 3-4 番残基より手前（読者に近い），Type Ⅱ（b）
では 3-4 番残基が 1-2 番残基より手前．両タイプとも 2 番残基はプロリンが
多く，Type Ⅱ の 3 番残基はグリシン（R′＝H）が多い．

でも，2 番目の残基は Pro が多く，Ⅱ 型のターンでは 3 番目の残基
は Gly が多い．こうしたターン構造も二次構造とみなされる．

[問題 2.1]　球状タンパク質では α ヘリックスと β シートは分子内部
　　にも表面にも存在する．これに対し逆ターン（β ターン）は内部か
　　表面かのいずれかに偏って存在する．どちらに偏るか？　なぜそう
　　考えるか？

[解]　表面に局在する．α ヘリックスと β シートが続くかぎりどこま
　　でも伸びて球状構造はつくれない．どこかで逆ターン（β ターン，
　　ループ構造など）してペプチド鎖が反対向きになって初めて球状構
　　造がつくれ，その場所が分子表面になる．

2.4　タンパク質の構造構築と安定性

　　二次構造単位が折れたたまれ，側鎖も含めて各タンパク質固有の
三次構造ができる．タンパク質の二次構造やネイティブ（天然）状

態の三次構造を安定化する相互作用としては何が重要だろうか？
ここでは静電的相互作用，水素結合，疎水相互作用，ファンデル
ワールス相互作用を見ていく．

　点電荷や**双極子**の間には，クーロンの法則に従う**静電的相互作用**
（**静電力**）がはたらく．たとえば2つの点電荷 A と B の間の静電的
相互作用による安定化は

$$\Delta E = -\frac{q_A\,q_B}{D\,r_{AB}}$$

で表される．ここで q_A と q_B は A と B の電荷量，D は誘電率，r_{AB}
は A と B の距離である．安定化エネルギーが距離に反比例するの
で，静電力は比較的遠くまで及ぶ力といえる（2点間にはたらく静
電力は r_{AB} の2乗に反比例する）．正負に荷電したイオン対が静電
力で引き合う力は強い．たとえば Na^+ イオンと Cl^- イオンが接触す
ると（点電荷間距離は2.76Å）両者間にはたらく引力は $502\,kJmol^{-1}$
に達する．有機溶媒のように誘電率が低い溶媒や，球状タンパク質
内部の疎水性領域においては，静電的相互作用は重要になる．逆に
水溶液中では水の誘電率が大きいため，静電的相互作用のはたらき
は弱い．Lys と Asp のようにイオン化した解離基間の会合をイオン
対または塩結合（塩橋）という．タンパク質中のイオン対間の静電
的相互作用によるギブズエネルギー変化は，イオン対形成に伴う側
鎖の固定によるエントロピー減少と水和エネルギーの損失を補うに
は不十分であり，ネイティブな状態（N状態）の安定性にはあまり
寄与しない．

　点電荷でなくても，電荷の偏り（分離）によるベクトル量，双極
子モーメント $\mu = Zd$（Z は分離した電荷量，d は電荷の偏りによ
る極間距離）があれば，双極子間，双極子と点電荷の間には静電力
がはたらく．たとえばペプチド結合には C=O や N−H の双極子に

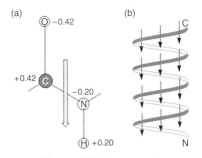

図 2.10 双極子モーメント

(a) 数字は電荷量. (b) αヘリックスの双極子モーメントは局所の双極子モーメントのベクトル和になる.

よって図 2.10 のような双極子モーメントが生じるので, ペプチド結合が同じ向きに並んだ αヘリックスでは, C 末端から N 末端に向かって大きな双極子モーメントができる (矢印はマイナス側からプラス側に向けて書く). その結果, αヘリックス構造は N 末端に負電荷, C 末端に正電荷があると, 点電荷と双極子間の静電的相互作用によって安定化される.

水素結合は, 水素原子によって隔てられた 2 個の電気的陰性な原子(O, N, S) からなる系にはたらく, おもに静電的な力である.

$$\mathrm{A{-}H + B} \longleftrightarrow \overset{\delta^+}{\mathrm{A}}{\cdots}\mathrm{H}\overset{\delta^-}{\cdots}\mathrm{B} \longleftrightarrow \mathrm{A^-}{\cdots}\mathrm{H{-}B^+}$$

$-\mathrm{OH}$, $-\mathrm{NH}$ はよい水素結合の供与体, O とプロトン化していない N はよい受容体となる. 酸素原子は 2 つの水素結合の受容体になれる. 水素結合の供与体原子, 水素原子, 受容体原子は直線上に並ぶのが理想的だが, タンパク質中では曲がることも多い. 最も多い $\mathrm{C{=}O}$ と $\mathrm{N{-}H}$ の水素結合では, $\mathrm{H}{\cdots}\mathrm{O}$ の距離は 1.9〜2.0 Å, $\mathrm{N{-}H}$ の距離は 1.03 Å, $\mathrm{N{-}H}{\cdots}\mathrm{O{=}C}$ の水素結合供与体(N) と受容体(O)

の原子間距離は 3.0 Å となり，水素原子は供与体原子(N) 側に存在する．水素結合の供与体と受容体の原子間距離がもっと近づくと，水素原子は両者の間を簡単に往き来できるようになりうるが，タンパク質中ではこのような**低障壁水素結合**（LBHB）の例は限られている．DNA のワトソン・クリック塩基対（§5.1）の水素結合では NMR で J カップリング（§6.12）が観測されることから，水素結合は共有結合性も有することがわかる．

　タンパク質内部の水素結合しうる基はほとんど水素結合しており，水素結合はタンパク質をネイティブな立体構造に絞り込むための重要な相互作用である．しかしタンパク質の高次構造がほどけても，タンパク質の内部の水素結合は水との水素結合に置き換わるので，1 つの水素結合あたりのタンパク質安定化は $-2 \sim 8 \, \mathrm{kJ \, mol^{-1}}$ 程度である．

　電気的に中性な分子どうしの，永久双極子または誘起双極子間の静電力による非共有結合性の引力を**ファンデルワールス力**という．永久双極子間の相互作用，誘起双極子と永久双極子間の相互作用，誘起双極子間の相互作用の 3 つのタイプがある．とくに一時的な電子分布の揺らぎによる誘起双極子どうしの相互作用は**ロンドン分散力**とよばれる．ロンドン分散力は相互作用する基が接触するくらいの近距離でのみはたらく弱い力だが，接触し合う基がたくさんあると重要になる．球状タンパク質の内部はよく詰まっており，接触し合う基がたくさんあるので，それらの基の間にはたらくロンドン分散力の合計は，ネイティブな立体構造を決める重要な因子となる．立体的にちょうどはまりあう形の分子どうしの相互作用においてもロンドン分散力は重要となり，タンパク質の特異的な分子認識能に貢献する．

　タンパク質のネイティブな状態（N 状態）を安定化する最も重要

な要因は**疎水効果**（hydrophobic effect）である．たとえば無極性
分子のメタンを無極性溶媒の四塩化炭素から極性の高い水に移した
場合を考えると，$\Delta G = +12\,\text{kJ mol}^{-1}$でギブズエネルギー変化は正，
すなわちメタンは四塩化炭素に比べて水には溶けにくい．しかしそ
の内訳は，$\Delta H = -11\,\text{kJ mol}^{-1}$，$\Delta S = -75\,\text{J mol}^{-1}\,\text{K}^{-1}$であり，エ
ンタルピー的に不利なのではなく，エントロピーが大きく減少する
ことが原因である．ではなぜエントロピー的に不利なのか？ 極性
または無極性の溶質分子を水に溶かす場合，まず水分子を排除して
溶質分子を収容するための空間をつくる（図2.11）．このとき水分
子間の水素結合を切るために大きなギブズエネルギーが必要とな
る．続いて極性の溶質分子をこの空間に収容すると，溶質と溶媒間
に新たに水素結合やファンデルワールス相互作用が生まれるので，
水素結合がなくなる分のエネルギーを取り返せる．一方無極性の溶
質分子をこの空間に収容すると，若干のファンデルワールス相互作
用が生まれるだけで，水分子との間に水素結合はつくれない．水分
子は水素結合がなくなる分のエネルギーを取り返すために溶質分子
のまわりに並んで，おそらく水素結合を介したカゴ状構造（**クラス
レート**）をつくる．この水分子の秩序増大がエントロピー的に不利

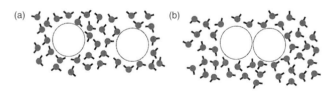

図 2.11 疎水効果
（a）水に無極性分子（白丸）が入ってもH_2Oと水素結合をつくれず，H_2O
どうしが無極性分子を囲んで水素結合をつくるため秩序が増す（$\Delta S < 0$）．
（b）無極性分子どうしがくっつくとこれを囲むH_2O分子数が減り，無秩序
さが増す（$\Delta S > 0$）．

になる理由である．無極性分子の周りに水分子を秩序よく並べるの
はギブズエネルギー的に不利なので，無極性分子は水との接触面積
を減らそうとして集合する．その結果，水中では無極性分子が引き
合うように見えるが，これは実際に引力がはたらくのではなく，極
性の水分子を避けようとして集合するだけである．このことを**疎水
効果**という．したがって**疎水結合**（hydrophobic bond）を形成する
という表現は正確ではない．

　タンパク質中の極性の低い疎水性アミノ酸側鎖は，水を避けて互
いに集まろうとする．たとえば Ala，Leu，Ile，Val，Phe，Tyr，
Met，（Pro，Cys）などのアミノ酸の無極性側鎖は集合して水を排
除し，ミセル形成のようにタンパク質内部で疎水領域をつくること
ができる．その結果，水溶液中でタンパク質は疎水性側鎖を内部に
集め，親水性側鎖が水と接触する表面に集まるように，自発的に折
れたたまれる．これがタンパク質のネイティブな立体構造への折れ
たたみ（**フォールディング**）の駆動力となる．

　炭化水素や解離基をもたないアミノ酸側鎖の**疎水性**は，エタノー
ルやジオキサンのような極性の低い溶媒から水へと側鎖を移すとき
のギブズエネルギー変化 $\Delta G = -RT \ln (S_{\mathrm{H_2O}}/S_{\mathrm{np}})$ として測定され
ている（$S_{\mathrm{H_2O}}$ は水への溶解度，S_{np} は無極性溶媒への溶解度）．得ら
れる疎水性は炭化水素やアミノ酸側鎖の水と接触できる表面積（**溶
媒露出面積**）とよい直線関係を示す（図 2.12）．これは表面積が大
きいほど，そこで秩序構造をつくる水分子が増えてエントロピーが
下がる（ギブズエネルギーは増大する）という考え方とよく一致す
る．

　疎水効果は水溶液中に共存する物質の影響を受ける．塩（0.01〜
1 M）の影響は以下の順序となる．この順序を**ホフマイスター**
（Hofmeister）**系列**という．

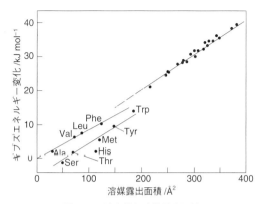

図 2.12 疎水性と溶媒露出面積

アミノ酸以外のドットはさまざまな炭化水素のデータで，傾き 105 J Å^{-2} の直線にのる．無極性の Ala, Val, Leu, Phe は傾き 92 J Å^{-2} の直線にのる．その他のアミノ酸は極性基をもつので，表面積から予測されるより疎水性が小さい．[Richards, F. M., *Annu Rev Biophys Bioeng* **6**, 151–176（1977）]

> カチオン：NH$_4^+$＞K$^+$＞Na$^+$＞Li$^+$＞Mg^{2+}＞Ca^{2+}＞グアニジニウムイオン
>
> アニオン：SO$_4^{2-}$＞HPO$_4^{2-}$＞酢酸イオン＞コハク酸イオン＞酒石酸イオン＞Cl$^-$＞NO$_3^-$＞ClO$_3^-$＞I$^-$＞ClO$_4^-$＞SCN$^-$

この系列で，左のものほど水の秩序構造を増加させるため疎水効果を強め，右のものほど水の秩序構造を壊すため疎水効果を弱める．名称で示したイオンと尿素の構造式を図 2.13 にまとめる．イオン以外の物質も疎水効果に影響を与える．尿素は水の水素結合のネットワークを壊すので，疎水効果を弱め，疎水基を溶かし込むはたらきがある．したがって多くのタンパク質は，高濃度の尿素（8 M）や塩化グアニジニウム（塩酸グアニジン，6 M）溶液中でネイティブ構造がほどけて**変性**する．水溶液からこれらの変性剤溶液にタン

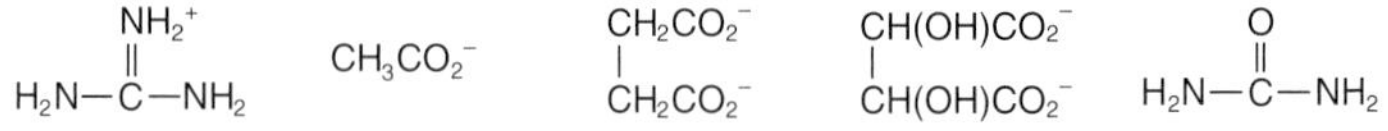

$$
\begin{array}{cccccc}
& \underset{\underset{H_2N-C-NH_2}{\parallel}}{\overset{\overset{NH_2^+}{\parallel}}{}} & CH_3CO_2^- & \underset{\underset{CH_2CO_2^-}{\mid}}{\overset{\overset{CH_2CO_2^-}{\mid}}{}} & \underset{\underset{CH(OH)CO_2^-}{\mid}}{\overset{\overset{CH(OH)CO_2^-}{\mid}}{}} & \underset{H_2N-C-NH_2}{\overset{\overset{O}{\parallel}}{}}
\end{array}
$$

グアニジニウム 　酢酸イオン 　コハク酸イオン 　酒石酸イオン 　　尿　素
イオン

図2.13 ホフマイスター系列で示したイオンと尿素の構造式

パク質を移すときのギブズエネルギー変化は，側鎖の疎水基の溶媒
露出面積とよい直線関係を示す．

　親水性は水への溶けやすさで，$\Delta G = -RT \ln(S_{H_2O}/S_{vapor})$ として
測定できる（S_{H_2O}/S_{vapor} は水相と気相の分配係数）．親水性と疎水性
は関係しているが両者の関係は定量的ではない．たとえば親水性は
極性基の数に依存するが，疎水性は極性基の影響はそれほど受けな
い．

　システインのメルカプト基（チオール基，−SH）どうしが近接
すると酸化されて共有結合（**ジスルフィド結合**）をつくる．

$$
R-SH + HS-R' \underset{\text{還元}}{\overset{\text{酸化}}{\rightleftharpoons}} R-S-S-R'
$$

細胞内のサイトゾルは還元的環境にあるので，ジスルフィド結合が
生成するのは分泌経路の入口である小胞体内腔と，ミトコンドリア
の膜間部だけである．分泌経路を通って細胞外に分泌されるタンパ
ク質の多くがジスルフィド結合をもっている．ポリペプチド鎖内で
ジスルフィド結合が架かると，タンパク質の立体構造は大きく制限
され，タンパク質を特定のネイティブな立体構造に追い込むことに
貢献する．ジスルフィド結合がネイティブな立体構造（N状態）を
安定化するのは，おもに立体構造がほどけた変性状態のコンホメー
ションを制限することで変性状態（D状態）のエントロピーを減少
させるからである．

2.5 三次構造

　タンパク質はその**三次構造**(tertiary structure)に基づいて分類することができる．**球状タンパク質**は，疎水残基と極性残基を併せ持ち，分子内に疎水コア（疎水性の内部）をもつコンパクトな構造をとる．**繊維状タンパク質**はよく伸びた特定の二次構造を主体とし，疎水コアをもたず，極性残基が多い．**(内在性)膜タンパク質（膜内タンパク質）**は生体膜に埋もれるため，球状タンパク質とは逆に分子表面に疎水残基をもち，膜を介した物質輸送のための親水チャネルを内部にもつものもある．そのほか特定の高次構造をとらない**天然変性タンパク質**(intrinsically disordered protein) も多い．

　球状タンパク質では，疎水効果により主として疎水残基を内側に，親水残基を外側に向けてポリペプチド鎖がコンパクトに折れたたまれている．その三次構造は多様だが，無極性残基 Val，Leu，Ile，Met，Phe はタンパク質の内部にあることが多く，極性荷電残基 Arg，His，Lys，Asp，Glu はタンパク質の表面にあって水和していることが多く，極性無電荷の残基 Ser，Thr，Asn，Gln，Tyr，Trp はタンパク質の表面にあるか，内部で水素結合に関与することが多い．球状タンパク質の内部はよく詰まっており，水分子は中に入りにくい（充塡密度は油滴より大きく，結晶に近い）．

　α ヘリックスや β シートのような主鎖の水素結合に富んだ二次構造単位はタンパク質内部にポリペプチド鎖を詰め込むのに有利である．ネイティブな立体構造を決めるのに重要なのは分子表面の残基ではなく，内部にある残基である．進化的にも表面残基よりも内部残基のほうがよく保存されている．たとえばタンパク質分子表面の電荷を変異実験によりすべて取り除くと，ネイティブな立体構造は同じで，フォールディング速度も速くなる．しかし長時間放置する

と凝集が起こりやすくなるなどの物理的性質の変化が見られる.

　球状タンパク質は，二次構造単位が組み合わさった特定の三次構造をつくる. こうした組合せを**超二次構造**あるいは**モチーフ**という. モチーフには α ヘリックスだけからなるもの，β シート（β ストランド）だけからなるもの，両者が組み合わさったものがある. α ヘリックスだけからなる典型的なモチーフとして**ヘリックスターンヘリックス**（図 2.14 a），β ストランドだけからなる典型的なモチーフとして**ギリシャ模様モチーフ**（図 2.14 e）がある. α ヘリックスと β シートが組み合わさった典型的なモチーフとしては **βαβ モチーフ**（図 2.14 b）がある. α ヘリックスを束ねた**ヘリックスバンドル**（図 2.14 c），β シートを円筒形に巻き上げた **β バレル**（図 2.14 d）など，モチーフを組み合わせてつくられる特定の空間配置を**フォールド**という（ただしモチーフとフォールドの区別は厳密ではない）. βαβαβ 単位 2 つからなる**ロスマンフォールド**（Rossmann fold）はさまざまな酵素でヌクレオチド結合部位をつくる（図 2.15 b）. 逆平行 4 本 β 鎖からなるシートと逆平行 3 本 β 鎖からなるシートのサンドイッチからなる**免疫グロブリンフォールド**は，免疫グロブリン以外にもさまざまなタンパク質の基本構造として見られる（図 2.15 a）. 平行 8 本 β 鎖からなる β バレルのまわりを 8 本の α ヘリックスが取り囲む **α/β バレル**（**TIM バレル**）は，酵素の約 10% に見られる基本的なフォールドである（図 2.15 c）.

　ヒトではタンパク質の種類は 10 万あまりであるが，フォールドの種類はどのくらいあるのだろうか？　1992 年に，Cyrus Chothia はタンパク質の主鎖の“フォールド”の種類はたかだか千種類のオーダーであるとの予測を提出したが，PDB（Protein Data Bank）に登録されたタンパク質の立体構造数が 10 万を超える現在でも，SCOP というデータベースに登録されたフォールド数は 2015 年で

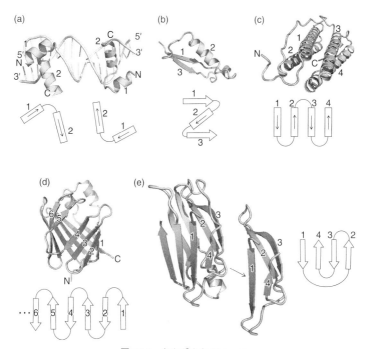

図 2.14 さまざまなモチーフ
(a) DNA 結合タンパク質のヘリックスターンヘリックスモチーフ (4FTH),
(b) $\beta\alpha\beta$ モチーフ (1YPI), (c) 4 ヘリックスバンドル (3RBC), (d) β バ
レル (アップアンドダウンバレル) (5HA1), (e) ギリシャ模様モチーフ
(2PAB). 括弧内は PDB のアクセス番号. (カラー図は口絵 1 参照)

1208 個, CATH というデータベースに登録されたフォールド数
(このデータベースではフォールドを "トポロジー" とよんでいる)
は 2013 年で 1375 個, いずれも微増はしているが最近はあまり増
えていない. このままフォールドの種類は微増が続き, 頭打ちにな
るのかもしれない.

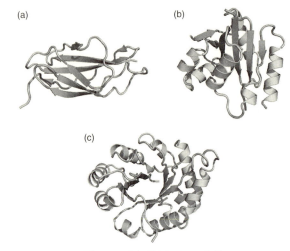

図2.15　さまざまなフォールド
（a）免疫グロブリンフォールド（5FM4），（b）ロスマンフォールド（5DB4），
（c）α/β バレル（TIM バレル）（1BTM）．括弧内は PDB のアクセス番号．
（カラー図は口絵 2 参照）

　多くのタンパク質は，50〜200 残基くらいで構造上独立した，コンパクトな立体構造単位をつくる．これを**ドメイン**（domain）といい，フォールドが小さなドメインになることもある．ドメインの多くは球状タンパク質と同様に疎水コア（疎水性の内部）をもつが，ジンクフィンガーのように疎水コアをもたずにスルフィド基と金属イオンの配位によって安定化されたドメインもある．200 残基以上の大きなタンパク質では複数のドメインがアミノ酸配列上繋がった形をとることが多い．350 残基以上の巨大ドメインは疎水コアが大きくなりすぎるため，特定のコンパクトな立体構造をつくるのが難しいのかもしれない．構造ドメインは配列上の相同性を示す場合が多く，進化上共通の起源をもつことが考えられる．タンパク

質をコードする遺伝子の進化の過程で，各ドメインをコードする遺伝子単位間で大規模な組換えが起こったのであろう．実際，大型タンパク質の多くは既存のドメインの組合せ形を変えるかたちで進化してきた（**ドメインシャフリング**）．進化上共通祖先に由来すると考えられるタンパク質を**タンパク質ファミリー**とよぶが，同じファミリーのタンパク質は共通のドメインをもつ場合が多い．これまでに，EGF ドメイン，DNA 結合ホメオドメイン，SH2 ドメイン，SH3 ドメインなど，1000 種を超えるドメインがデータベース上に登録されている．さまざまなタンパク質に共通して見られるドメインには，他の分子との結合や酵素活性など，共通する機能を示す場合が多い．一般に原核生物より真核生物のほうがタンパク質のサイズが大きく，したがって複数のドメインからなるタンパク質が多い．複数のドメインからなるタンパク質は，生合成途上で翻訳されながらドメインごとにフォールディングしていくことが多い．**リピート**（繰返し配列）はドメインよりもっと短い保存相同配列で，TPR リピート，HEAT リピート，アルマジロリピート，アンキリンリピートなど，多くのリピートが見い出されている．

[**問題 2.2**]　あるタンパク質について，下記のように，特定のアミノ酸残基を他のアミノ酸残基に換えた変異体を遺伝子工学で作製した．得られた変異タンパク質は，もとのタンパク質よりも高次構造が不安定になった．タンパク質の高次構造を安定化する相互作用がどのように変わったため，不安定になったと考えられるか，推定せよ．
　(a) Lys から Glu へ　　(b) Val から Thr へ　　(c) Gly から Ala へ
　(d) Met から Pro へ　　(e) Trp から Phe へ

[**解**]　いろいろな可能性が考えられるが，たとえば以下のようなことが考えられよう．(1) 側鎖の大きさが減少し，電荷の正負が変わった．(2) 疎水性が減少した．(3) 側鎖の大きさと疎水性が増した．

(4)（側鎖の大きさが減少し）主鎖のペプチド結合部分が曲がった.

(5)（側鎖の大きさが減少し）NH が関わる水素結合が失われた.

2.6　四次構造

　多くのタンパク質は複数のポリペプチド鎖（**サブユニット**）が会合したオリゴマータンパク質としてはたらく. 大腸菌では全タンパク質の 80% が**オリゴマータンパク質**, 20% 程度が 1 つのポリペプチド鎖からなる**モノマータンパク質**と見られている. サブユニットの空間配置を**四次構造**（quaternary structure）という. 複数のオリゴマータンパク質どうしがさらに会合して**超複合体**をつくってはたらく場合もある. リボソームやスプライソソーム（スプライシングを行う複合体）のように複数のタンパク質と RNA からなる複合体もある（§5.2）.

2.7　タンパク質構造のフォールディング

　多くのタンパク質が生理的条件で, 特定のネイティブな立体構造に折れたたまれる. この過程を**フォールディング**という. ネイティブ状態のタンパク質に塩化グアニジニウム（塩酸グアニジン）や尿素を加えるなどすることで, 立体構造をほどいて変性状態にすることを**アンフォールディング**という. 変性状態は単独のコンホメーションではなく, 互いに素早く変換するさまざまなコンホメーションの集まり（アンサンブル）と見なすことができる. タンパク質の可逆変性は, 転移領域内ではネイティブ（N）状態と変性（D）状態の間の二状態転移として取り扱うことができる（図 2.16, 問題 5.4 も参照）. 二状態転移が成り立つということは, タンパク質の

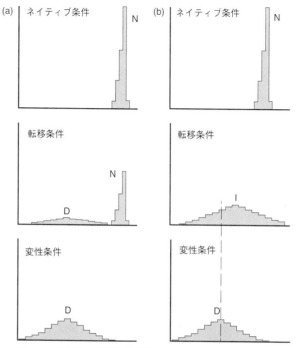

図 2.16　協同的二状態転移（a）と非協同的多状態転移（b）
縦軸は分子数，横軸はフォールディングの程度を表す．（b）の破線は D の
ピーク位置を示す．単ドメインのタンパク質で見られる協同的二状態転移
（a）では，ネイティブ条件から変性条件へと条件を変えると，ほぼ単一のコ
ンホメーションの N 状態とさまざまなコンホメーションの D 状態との間の
平衡が N 状態から D 状態に移行する．非協同的多状態転移（b）であれば，
ネイティブ条件から変性条件へと条件を変えると，N 状態からコンホメー
ションを徐々に変えて中間（I）状態を経由して D 状態に至ることになる．

フォールディングが協同的現象であることを意味している．
　タンパク質のフォールディング状態を分子内 FRET（§6.8）とい
う蛍光測定法で，1 分子レベルで観測することができる．さまざま

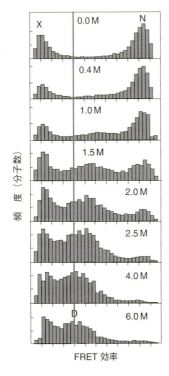

図2.17　塩化グアニジニウム（塩酸グア
ニジン）濃度を変えたときの1
分子 FRET と頻度（分子数）
X は蛍光色素が壊れた分子種由来．縦線は
完全 D 状態のピーク位置を示す．モデル
タンパク質（コールドショックタンパク質
Csp）について，塩化グアニジニウム濃度
を0.0 M（上）から完全変性条件である6.0
M（下）まで上げていくと，FRET 効率の
分散が小さい N 状態と FRET 効率の分散
が大きい D 状態の間の平衡が，N 状態か
ら D 状態に移行していく（ただし二状態
転移は完全ではなく，塩酸グアニジニウム
濃度1.5 M が6.0 M に上がっていくにつれ
てピーク位置が若干移動している）．
[Schuler B. *et al.*, *Nature* **419**, 743-747（2002）
より改変]

な濃度の変性剤（塩化グアニジニウム）存在下で FRET 効率を調べ
ると，その統計アンサンブルは N 状態と D 状態の間の二状態転移
を示す（図2.17，ただし D 状態のほうが FRET の分散が大きく，ま
た変性剤濃度が高くなるにつれて D 状態に対応する分子種の FRET
効率が小さくなり，分子が広がることがわかる）．さらに人工脂質
小胞（リポソーム，§3.2）内に1分子のタンパク質を閉じ込めて，
N 状態と D 状態が等量存在する条件下で FRET 効率を調べると，数
秒の時間スケールで1分子のタンパク質が N 状態と D 状態を非常

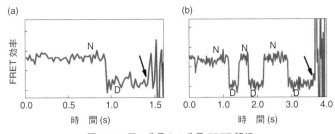

図 2.18　同一分子の 1 分子 FRET 解析

矢印は蛍光色素が壊れたことを示す．リポソーム内に閉じ込めたモデルタンパク質（コールドショックタンパク質 Csp）について，塩化グアニジニウム濃度 2 M における FRET 効率の変化をモニターしたもの．(a) は 1 回，(b) は複数回 N–D 転移が起こった例．[Rhoades, E. *et al.*, *J Am Chem Soc* **126**, 19686–19687（2004）より改変]

に速い速度で往き来していること，両者の中間（I）状態はこの時間スケールでは観測できないことがわかる（図 2.18）．

　しかしこの結果は，もっと速い時間スケールでは I 状態が存在する可能性を否定しない．実際このタンパク質を完全変性条件から 90％程度が N 状態になるような条件にシフトして，もっと速い時間変化を追跡すると，まず 0.1 s 以内に完全 D 状態からややコンパクトな I 状態に変化し，そこから秒のオーダーで N 状態へほぼ二状態転移で移行することがわかる（図 2.19）．

　Christian B. Anfinsen はタンパク質の N 状態は熱力学的に最も安定であるので，タンパク質は自発的に N 状態にフォールディングするという**セルフアセンブリー**の原理を見い出した（§5.3）．これは，フォールディングはその経路に依存せず，熱力学的に支配されることを意味する．しかし，たとえば 100 残基からなるタンパク質では，各残基が 3 つの可能なコンホメーションをもつとして，タンパク質全体の可能なコンホメーション数は $3^{99} = 1.7 \times 10^{47}$ 通りと

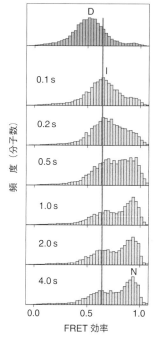

縦 度（分子数）

0.1 s

0.2 s

0.5 s

1.0 s

2.0 s

4.0 s

D

I

N

0.0   0.5   1.0
FRET 効率

図 2.19 タンパク質を変性条件から変性剤濃度を下げてフォールディングさせたときの 1 分子 FRET

塩化グアニジニウム濃度を完全変性条件からネイティブ条件へと急速に下げた後のモデルタンパク質（コールドショックタンパク質 Csp）の 1 分子 FRET の時間変化を，μM スケールの流路と共焦点顕微鏡を組み合わせて観察．塩化グアニジニウム濃度を下げると 0.1 s 以内に FRET 効率がやや高い（ややコンパクトな）I 状態にシフトし，そこから二状態転移で N 状態に移行していくことがわかる．縦線は I 状態の（ピークの）FRET 効率を示す．[Lipman, E. A. *et al., Science* **301**, 1233–1235（2003）より改変]

なる．ランダムサーチで一つひとつのコンホメーションを試していったとして，ひとつのコンホメーションあたりの滞在時間を 10^{-13} s と仮定しても，N 状態を探し当てるのには 1.7×10^{34} s＝5.4×10^{26} yr 以上かかる計算となり，これは宇宙の年齢（4.3×10^{17} s）より長い．この，Cyrus Levinthal が指摘した矛盾（レビンタールの逆説）は，タンパク質はすべての可能なコンホメーションを試すのではなく特定のコンホメーションだけを探索してネイティブ構造に到達する，すなわちフォールディングは速度論的支配であることを示す．実際，多くのタンパク質は数 ms でフォールディングするの

で, 10^8 通り以下のコンホメーション（可能なコンホメーションの $1/10^{39}$）しか探索していない. 細胞内でも, 小さなタンパク質の場合はフォールディングの律速段階は秒のオーダーの翻訳過程（§5.2）であることがわかってきている. 後述するように, フォールディングが熱力学的支配かつ速度論的支配であることは, フォールディングファネルというエネルギーとコンホメーションの関係を表す景観図（図5.7）で理解できる. 上述の1分子観測（図2.19）で速い時間スケールで観測される中間体は, フォールディングファネルの形状に依存して現れる, フォールディング経路上の中間体である可能性がある[2].

　レビンタールの逆説については, 相互作用とコンホメーションを単純化したタンパク質の**格子モデル**で検討することができる（図2.20）. 立方格子の27個の格子点はタンパク質のアミノ酸残基に相当し, それらが共有結合で繋がって鎖状分子となっている. 各アミノ酸残基には異なる性質を与え, 互いに引き合うアミノ酸残基どうしが空間的に近接したときにエネルギーが下がるように計算することで, 格子モデルのフォールディング過程を追跡できる. さまざまな配列についてフォールディングのシミュレーション計算を行うと, ある特定のコンパクトなコンホメーションにフォールディングできる配列は, 1つだけエネルギー的にきわめて安定なコンホメーションがあるという特徴をもつ. 可能なコンホメーションは 10^{16} 通りあるのに, こうしたフォールディングできる配列では, 10^7 ステップ程度（10^7 通りを探索するだけ）でエネルギーの一番低いN

---

2) この中間体をIとすると, フォールディング経路上の中間体の場合はD⇌I⇌Nであるが, I⇌D⇌Nであったり, I⇌Nである可能性もある.

$$\overset{\parallel \! \nearrow}{D}$$

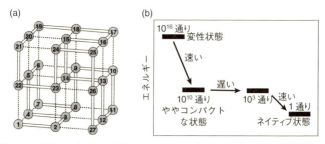

図 2.20　格子モデル(a) を使ったフォールディング過程のシミュレーション結果(b)
（a）タンパク質のフォールディングの格子モデル（27 個の格子点）では，27 個のアミノ酸残基（丸で囲んだ数字）が共有結合（二重線）でつながっており，28 の残基間相互作用（点線）を考えることができる．各コンホメーションの全体エネルギーは各相互作用のエネルギーの和になるので，$E = \sum_{i<j} \Delta(r_i, r_j) B_{ij}$（$r_i$ はアミノ酸残基の位置，B_{ij} は残基 i と残基 j の間の相互作用エネルギー）（$\Delta(r_i, r_j)$ は残基 i と残基 j が接していれば 1，接していなければ 0）．
（b）27 個の格子モデルでは，10^{10} 通りのややコンパクトな状態のうち，10^3 通りが遷移状態になりうる．
[Sali, A. *et al.*, *Nature* **369**, 248–251 (1994) より改変]

状態に到達する．またそのフォールディング過程では，まず短時間（少ないステップ）でコンパクトな状態に折れたたまり，その後時間をかけて遷移状態に対応するさまざまなコンホメーションを探索し，最終的には一気にネイティブ状態に落ち込む（図 2.20）．

　もちろん格子モデルは側鎖を取り入れていないので，実際のタンパク質の分子内部の側鎖の密な充填過程は調べられない．しかし天然のタンパク質でも，特定の安定なコンホメーションをとれる配列はごく一部（$1/10^8$ 以下）であり，さらにそのなかのごく一部の配列がタンパク質に機能を与えたと考えられる．こうした配列は長い時間をかけた進化の過程の試行錯誤のなかで，自然選択により選ばれてきたものと考えられる．

　現実のタンパク質は格子モデルなどよりもはるかに複雑であり，そのフォールディング過程のシミュレーションはいまだに不十分である．しかしそれでも計算機による適当な力場を用いた分子ダイナミクス計算で，μs オーダー（最長で数 ms まで）のフォールディング過程の詳細が調べられるようになりつつある（§6.17）．

2.8　タンパク質とリガンドの相互作用

　タンパク質の機能を調べるうえで，しばしばタンパク質と小分子の特異的な結合を定量的に扱う必要が生じる．典型的な例は，受容体（レセプター receptor）と基質小分子（リガンド ligand）の結合である．タンパク質 P に複数個のリガンド A が結合する場合を考えてみよう．ここではリガンド結合部位間に相互作用がないものとする．

　1 mol のタンパク質 P が，1 mol のリガンド A を結合できる場合（P 上の A に対する結合部位が 1 つの場合），P のモル数に対する結合した A のモル数の割合 r（飽和度）は，PA の解離定数を K_d として，$K_d = [A][P]/[PA]$ より

$$r = \frac{[PA]}{[P]+[PA]} = \frac{[A]}{K_d + [A]}$$

となる．1 mol のタンパク質 P が，n mol のリガンド A を結合できる場合（P 上の A に対する結合部位が n 個の場合），P のモル数に対する結合した A のモル数の割合 r（平均結合数）は

$$r = \frac{\text{P に結合した A の濃度}}{\text{P および P のすべての結合状態の濃度の総和}}$$

$$= \frac{[\mathrm{PA}] + 2[\mathrm{PA_2}] + 3[\mathrm{PA_3}] + \cdots}{[\mathrm{P}] + [\mathrm{PA}] + [\mathrm{PA_2}] + [\mathrm{PA_3}] + \cdots}$$

$$= \frac{\sum_{i=0}^{n} (i[\mathrm{P}][\mathrm{A}]^i / K_{\mathrm{d}_i})}{\sum_{i=0}^{n} ([\mathrm{P}][\mathrm{A}]^i / K_{\mathrm{d}_i})} = \frac{\sum_{i=0}^{n} (i[\mathrm{A}]^i / K_{\mathrm{d}_i})}{\sum_{i=0}^{n} ([\mathrm{A}]^i / K_{\mathrm{d}_i})}$$

ここで K_{d_i} は $\mathrm{PA}_i \rightleftharpoons \mathrm{P} + i\mathrm{A}$ の解離定数 $[\mathrm{P}][\mathrm{A}]^i / [\mathrm{PA}_i]$ である.この式を**アデア**(Adair)**式**という.

n 個の結合部位は同等で独立とすると

$$r = \frac{n[\mathrm{A}]}{K_{\mathrm{d}} + [\mathrm{A}]}$$

K_{d} は平均の解離定数,すなわち $K_{\mathrm{d}} = K_{\mathrm{d}_i} = [\mathrm{P}][\mathrm{A}]^i / [\mathrm{PA}_i]$.(やや複雑だが上式を導出してみよ.)

変形すると

$$\frac{r}{[\mathrm{A}]} = \frac{n}{K_{\mathrm{d}}} - \frac{r}{K_{\mathrm{d}}}$$

r に対して $r/[\mathrm{A}]$ をプロットすれば,傾きが $-1/K_{\mathrm{d}}$,横軸切片が n の直線となる.

別の変形として,$[\mathrm{A}]$ を $[\mathrm{A}]_{\mathrm{free}}$,$\sum_{i=1}^{n} [\mathrm{PA}_i]$ を $[\mathrm{A}]_{\mathrm{bound}}$ と表記すると

$$\frac{[\mathrm{A}]_{\mathrm{bound}}}{[\mathrm{A}]_{\mathrm{free}}} = \frac{n}{K_{\mathrm{d}}} [\mathrm{P}]_{\mathrm{total}} - \frac{1}{K_{\mathrm{d}}} [\mathrm{A}]_{\mathrm{bound}}$$

ここで $[\mathrm{P}]_{\mathrm{total}} = [\mathrm{P}] + [\mathrm{PA}] + [\mathrm{PA_2}] + \cdots$ である.

$[\mathrm{A}]_{\mathrm{bound}}$ に対して $[\mathrm{A}]_{\mathrm{bound}}/[\mathrm{A}]_{\mathrm{free}}$ をプロットすると,傾きが $-1/K_{\mathrm{d}}$,横軸切片が $n[\mathrm{P}]_{\mathrm{total}}$ の直線となる.(上式を導出してみよ.)これらのプロットを**スキャッチャード**(Scatchard)**プロット**という.$[\mathrm{P}]_{\mathrm{total}}$ が不明でも K_{d} が求まることに注意したい.

次にリガンドの結合部位間に相互作用がある場合を考えてみよ

う．結合の中間状態が存在しないとすると

$$\mathrm{P} + n\,\mathrm{A} \rightleftharpoons \mathrm{PA}_n$$

このとき解離定数 K_d は

$$K_\mathrm{d} = \frac{[\mathrm{P}][\mathrm{A}]^n}{[\mathrm{PA}_n]}$$

また飽和度 Y は

$$Y = \frac{r}{n} = \frac{[\mathrm{PA}_n]}{[\mathrm{P}] + [\mathrm{PA}_n]} = \frac{[\mathrm{A}]^n}{K_\mathrm{d} + [\mathrm{A}]^n}$$

この式を**ヒル**（Hill）**式**という（§ 4.1）．

$$\frac{Y}{1-Y} = \frac{[\mathrm{A}]^n}{K_\mathrm{d}}$$

両辺の対数をとり

$$\log\left(\frac{Y}{1-Y}\right) = \log[\mathrm{A}]^n - \log K_\mathrm{d} = n\log[\mathrm{A}] - \log K_\mathrm{d}$$

$\log[\mathrm{A}]$ に対して $\log(Y/(1-Y))$ をプロットすると，傾きが n，横軸切片が $-\log K_\mathrm{d}$ の直線となる．これを**ヒルプロット**という．n を**ヒル係数**とよぶ．実際には結合の中間状態が存在するため，n は P 上のリガンド A の結合部位の数ではないが，結合部位間の相互作用（**協同性**）の指標となる．

赤血球中の酸素運搬タンパク質ヘモグロビンの場合，リガンド A は O_2 である．$[\mathrm{A}] = p_{O_2}$，よく似たサブユニット α，β からなるヘモグロビン $\alpha_2\beta_2$ 四量体あたり 4 つの酸素結合部位がある．飽和度を $Y = Y_{O_2}$ で表すと，$K_\mathrm{d} = p_{50}$（$Y_{O_2} = 50\%$ のときの p_{O_2}）となる．ヒルプロットの関係式は

$$\log\left(\frac{Y_{O_2}}{1 - Y_{O_2}}\right) = n\,\log p_{O_2} - n\,\log p_{50}$$

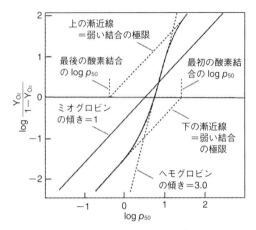

図 2.21　精製ヘモグロビンのヒルプロット
ヘモグロビンの n=3.0，ミオグロビンの n=1.0．ヘモグロビンの結合部位数は 4 だが，共同性は 3，ミオグロビンでは結合部位数は 1 で，共同性を示すヒル係数と等しい．

となる（図 2.21）．

　ヘモグロビンを例にとってミクロの（各サブユニットの結合部位あたりの）解離定数とマクロの（タンパク質あたりの）解離定数の関係を見てみよう．ミクロの解離定数を k_1, k_2, k_3, k_4, マクロの解離定数を K_1, K_2, K_3, K_4 とすると

$$P + A \rightleftharpoons PA$$

A が PA から解離する仕方は 1 通り，A が P と結合する仕方は 4 通り（結合部位を a, b, c, d とする）なので，

$$k_1 = \frac{[P][A]}{[PA_a]} = \frac{[P][A]}{[PA_b]} = \frac{[P][A]}{[PA_c]} = \frac{[P][A]}{[PA_d]}$$

$$[PA_a] = [PA_b] = [PA_c] = [PA_d] = \frac{[PA]}{4}$$

$$K_1 = \frac{[P][A]}{[PA]} = \frac{k_1}{4}$$

統計因子（ミクロの解離定数とマクロの解離定数を関係づける係数）は 1/4 となる．すなわち $k_1 = 4K_1$,

$$PA + A \rightleftharpoons PA_2$$

結合部位のひとつに A が結合しているとき，もうひとつ A が結合する仕方は 3 通り，結合した 2 つの A の解離の仕方はおのおの 2 通り．したがって，この場合は統計因子は 2/3 となる．すなわち $k_2 = 3K_2/2$.

以下，同様に

$$PA_2 + A \rightleftharpoons PA_3 \qquad k_3 = \frac{2K_3}{3}$$

$$PA_3 + A \rightleftharpoons PA_4 \qquad k_4 = \frac{K_4}{4}$$

ちなみに n 個の等価な結合部位があるとき

$$PA_{i-1} + A \rightleftharpoons PA_i$$

$$K_i = \frac{(n-i+1)[PA_{i-1}][A]}{i[PA_i]} = \frac{n-i+1}{i}K_i$$

ここで $(n-i+1)[PA_{i-1}]$ は PA_{i-1} のまだ結合していない部位の濃度，$i[PA_i]$ は PA_i 上の結合リガンドの濃度である．

4 つの結合部位をもつ場合は

$$[PA] = \frac{[P][A]}{K_1} = \frac{4[P][A]}{k_1}$$

$$[PA_2] = \frac{[PA][A]}{K_2} = \frac{[P][A]^2}{K_1 K_2} = \frac{6[P][A]^2}{k_1 k_2}$$

$$[PA_3] = \frac{[PA_2][A]}{K_3} = \frac{[P][A]^3}{K_1 K_2 K_3} = \frac{4[P][A]^3}{k_1 k_2 k_3}$$

$$[PA_4] = \frac{[PA_3][A]}{K_4} = \frac{[P][A]^4}{K_1 K_2 K_3 K_4} = \frac{[P][A]^4}{k_1 k_2 k_3 k_4}$$

飽和度 Y は，L が結合した部位の濃度を全部位の濃度で割ればよいから

$$Y = \frac{r}{4} = \frac{[PA] + 2[PA_2] + 3[PA_3] + 4[PA_4]}{4([P] + [PA] + [PA_2] + [PA_3] + [PA_4])}$$

$$= \frac{[P][A]/K_1 + 2[P][A]^2/K_1 K_2 + 3[P][A]^3/K_1 K_2 K_3 + 4[P][A]^4/K_1 K_2 K_3 K_4}{4([P] + [P][A]/K_1 + [P][A]^2/K_1 K_2 + [P][A]^3/K_1 K_2 K_3 + [P][A]^4/K_1 K_2 K_3 K_4)}$$

$$= \frac{[A]/K_1 + 2[A]^2/K_1 K_2 + 3[A]^3/K_1 K_2 K_3 + 4[A]^4/K_1 K_2 K_3 K_4}{4(1 + [A]/K_1 + [A]^2/K_1 K_2 + [A]^3/K_1 K_2 K_3 + [A]^4/K_1 K_2 K_3 K_4)}$$

$$= \frac{[A]/k_1 + 3[A]^2/k_1 k_2 + 3[A]^3/k_1 k_2 k_3 + [A]^4/k_1 k_2 k_3 k_4}{1 + 4[A]/k_1 + 6[A]^2/k_1 k_2 + 4[A]^3/k_1 k_2 k_3 + [A]^4/k_1 k_2 k_3 k_4}$$

表 2.1　ヘモグロビンの 4 個のヘムのミクロの解離定数

溶　液	k_1/Torr	k_2/Torr	k_3/Torr	k_4/Torr
ヘモグロビンのみ	8.8	6.1	0.85	0.25
0.1 M NaCl 中	41	13	12	0.14
2 mM BPG 中	74	112	23	0.24
0.1 M NaCl＋2 mM BPG 中	97	43	119	0.09

1 Torr＝1/760 atm＝133.3 Pa，BPG＝2,3-ビスホスホグリセリン酸.
図 2.21 の最初の酸素結合と最後の酸素結合のミクロの解離定数がそれぞれ k_1 と k_4 にあたる．赤血球中のヘモグロビンの酸素親和性は BPG の結合によって抑えられているが，最後の酸素結合の親和性は BPG の有無にあまり関係しない.
[Tyuma, I., Imai, K., Shimizu, K., *Biochemistry* **12**, 1493-1495 (1973)]

なお，$k_1=k_2=k_3=k_4=k$ のとき（結合部位間に相互作用がないとき），上式は

$$Y=\frac{[A]}{k+[A]}$$

となり，結合部位が1つの場合と同じかたちになる．ヘモグロビンのように結合部位間に相互作用がある場合は，このように単純化できない．ヘモグロビンの場合のミクロの解離定数を表2.1に示す．k_1 と k_4 はヒルプロットを上下に外挿して $\log p_{O_2}$ 軸との交点を求めればよい．k_2，k_3 はヒルプロットに上式をあてはめて求める．

[**問題 2.3**]　Glu とそのポリマーである poly(Glu) の側鎖カルボキシ基の pH 滴定曲線を図に示す．以下の問に答えよ．

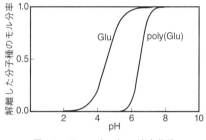

図　Glu と poly(Glu) の滴定曲線

(1) 図から，Glu の pK_a と poly(Glu) の pK_a を読み取れ．なぜ pK_a が違うか，理由を考えよ．

(2) poly(Glu) は pH 6 以下では α ヘリックスをとるが，pH 7 以上ではランダムコイルとなる（特定の二次構造をとらない）．Lys のポリマーである poly(Lys) は pH 10 以上では α ヘリックスをとるが，pH 9 以下ではランダムコイルになるという．このことを確かめるにはどのような測定をすればよいか？　またなぜヘリックス形成が pH に依存するのか考えよ．

(3) なぜ Glu の滴定曲線よりも poly(Glu) の滴定曲線のほうが, 狭い pH 範囲内で, 解離した分子種のモル分率が急激に変化するのか. 理由を考えよ.

[**解**] (1) Glu の pK_a は 4.5, poly(Glu) の pK_a は 6.5. 後者は近傍に負電荷があるのでプロトンが解離しにくいので pK_a が上がる.

(2) 円二色性 (CD) 測定で二次構造を調べる (§6.6.4). 側鎖が解離すると負電荷が生じるので, 静電的反発でヘリックスをとりにくくなる.

(3) 側鎖の解離が協同的に起こることを示している (ヒル係数が大きい). すなわち, 側鎖がプロトン化して電荷がない状態で形成したヘリックスが協同的に壊れると, 側鎖が解離できるようになる.

第3章

生 体 膜

　生命の基本単位は**細胞**（cell）である．地球上のどんな生物も，細胞から成り立っている．細胞は**膜**（membrane）で囲まれた小さな容れ物で，その中の水溶液に遺伝物質である核酸や生命活動を担うタンパク質が入っている．真核生物の細胞には，細胞内にさらに膜で仕切られた複雑な構造がつくられている．これらの構造は細胞小器官（**オルガネラ** organelle）とよばれ，各オルガネラの各区画に独自のタンパク質が集積することで，オルガネラ独自の機能が実現する．

　細胞内と外界の境界をつくり，また細胞内に秩序だった仕切りの構造をつくるための膜は，どのような分子で構成されねばならないだろうか．水溶液中に境界をつくるためには，分子間で会合し，集合体をつくらなければならない．可溶性の分子では水溶液中に分散してしまうから不適当である．しかし不溶性の物質だと，凝集・沈殿してしまい，やはり仕切りとして機能できない．細胞の膜を構成する主成分はリン脂質に代表される脂質である．リン脂質は，分子内に水に溶けやすい"親水性"の部分と水に溶けにくい"疎水性"の部分を併せ持つ**"両親媒性"**の分子である．疎水性の部分で互いに会合しながら，親水性の部分が溶媒の水に接触するように集合する．適当な条件が整えば，集合して二分子膜をつくる．二分子膜は全体が繋がって1つの小胞を形成し，内部の水溶液区画を外部の

水溶液から隔離できる．ここでは細胞を構成する膜，すなわち生体
膜の基本構造と性質を学ぶ．

3.1 生体膜を構成する脂質

生体膜のおもな脂質成分はリン脂質である．**(グリセロ)リン脂質**
はL-グリセロール 3-リン酸の誘導体で，C1 と C2 に脂肪酸がエス
テル結合し，C3 に結合したリン酸基はさまざまな極性基 X とエス
テル結合する（図3.1）．疎水性が高い脂肪酸部分を尾部とよび，親
水性のリン酸基−X を頭部とよぶ．

リン脂質の極性の頭部（リン酸基−X）のリン酸基は，中性 pH
では解離して負電荷を1つもつ．したがって X が電荷をもたなけ
れば分子全体の電荷は負となり，**酸性リン脂質**とよぶ．X が正電荷
を1つもつ場合はリン脂質分子全体の電荷は中性となり，**中性リ
ン脂質**とよぶ．酸性リン脂質としては，X が水素原子のホスファチ
ジン酸，セリンのホスファチジルセリン，イノシトールのホスファ
チジルイノシトール，グリセロールのホスファチジルグリセロール
などがある．ホスファチジルグリセロールが2分子繋がったカル
ジオリピンも酸性リン脂質である．中性リン脂質としては，X がコ

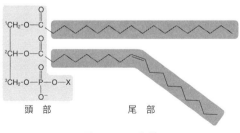

図 3.1 リン脂質

リンのホスファチジルコリン，エタノールアミンのホスファチジル
エタノールアミンなどがある．

リン脂質の尾部をつくる脂肪酸は，長い炭化水素鎖をもつカルボ
ン酸の総称で，天然にはリン脂質や油脂など，エステルとして存在
する．脂肪酸のなかには二重結合を 1 つまたは 2 つ以上含むもの
も多い．二重結合をまったく含まないものを**飽和脂肪酸**，二重結合
を含むものを**不飽和脂肪酸**という．脂肪酸の二重結合はほとんどの
場合シス形で，炭化水素鎖はそこで約 30° 曲がる．したがって不
飽和脂肪酸は飽和脂肪酸よりも充塡性が悪く，ファンデルワールス
相互作用が減るので融点も低い．高等動植物で多いのは C_{16} のパル
ミチン酸（$16:0$，脂肪酸の炭素原子数 n と二重結合数 m を並べ
て $n:m$ と表す），C_{18} のステアリン酸（$18:0$），C9（カルボキシ
基から数えて 9 番目の C）と C10 の間に二重結合をもつオレイン
酸（$18:1$），C9 と C10 の間，C12 と C13 の間に二重結合をもつリ
ノール酸（$18:2$）である．哺乳動物では C9 よりも先に二重結合
を入れる酵素が欠けているので，リノール酸（$18:2$）やリノレン
酸（$18:3$，C9 と C10 の間，C12 と C13 の間，C15 と C16 の間に
二重結合をもつ）をつくることはできない．したがってこれらの不
飽和脂肪酸は食餌から摂取しなければならない．

図 3.2 に代表的な中性リン脂質の例として，1-ステアロイル-2-
オレオイル-3-ホスファチジルコリンの構造式と実体モデルを示
す．飽和脂肪酸のステアロイル基は真っ直ぐ伸びているが，不飽和
脂肪酸のオレオイル基は曲がっていることがわかる．

生体膜のリン脂質以外の主要成分として知られる**スフィンゴ脂質**
は，グリセロールの代わりに長鎖アミノアルコールの脂肪酸アミド
誘導体**セラミド**をその中核に含む．リン脂質同様，2 本の疎水性ア
ルキル鎖の尾部をもち，アミド基部分が親水性頭部となる．代表的

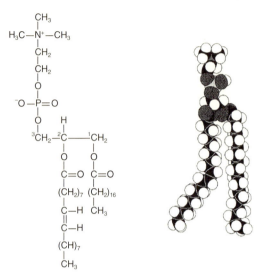

図3.2　1-ステアロイル-2-オレオイル-3-ホスファチジルコリン（ホスファ
　　　　チジルコリンの例）の構造

なスフィンゴ脂質としては，細胞膜に多く含まれる**スフィンゴミエ
リン**がある．**糖脂質**は，セラミドなどの脂質のアルコール基に糖が
グリコシド結合した化合物である．セラミドの頭部に糖が結合した
スフィンゴ糖脂質のうち，糖としてグルコースやガラクトースが1
つ結合したものが**セレブロシド**である．**ガングリオシド**はシアル酸
を含むオリゴ糖が頭部に結合したセラミドで，細胞表面の膜の主成
分である．細胞外の分子や他の細胞による認識の目印としてはたら
き，胚発生や細胞のがん化に伴い，各種ガングリオシドの組成が大
きく変化する．
　生体膜でもうひとつ重要な構成成分は**ステロール**である．ステ
ロールは真核生物の細胞膜と一部のオルガネラ膜に特徴的な物質

で，ほとんどの原核生物には存在しない．動物細胞ではステロールとしては**コレステロール**が多いが，植物細胞や酵母，菌類は他のステロールをつくる．コレステロールは4つの疎水的な環が縮合した固い分子で，極性のヒドロキシ基（水酸基）を除けば全体的に疎水性が高い．

3.2 脂質二分子膜

アルキル鎖の尾部が2本のリン脂質やスフィンゴ脂質は，分子の形が円柱に近い．このような分子を水中に分散させると，親水性頭部を水の側に向け，疎水性アルキル鎖どうしを内側に向けた**二分子膜**をつくりやすい（図3.3）．二分子膜は自然に広がって閉じた系になろうとするため，端が繋がって顆粒状の**小胞**（**ベシクル**）をつくる．脂質でつくった人工ベシクルを**リポソーム**とよぶ．

脂質二分子膜は水以外の多くの極性分子とイオンに対する透過性が低い．膜を介した物質の拡散は化学平衡に似ている．溶質Aのギブズエネルギー（化学ポテンシャル，§1.3）は濃度に依存するので，膜の両側の濃度差が化学ポテンシャルの差を生じる．したがって，溶質Aが膜を通過できるなら，Aは膜の両側のAの濃度

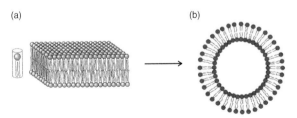

図3.3　脂質二分子膜（a）とベシクル（リポソーム）（b）

が等しくなるまで拡散する．さらにAがイオンだと，イオンが膜を通過することにより電位差（**膜電位**）が生じるので，化学ポテンシャルの差には，Aを移動させるときの電気的仕事も含めねばならない．Aがイオンの場合は，電気的仕事も含めて，膜の両側の（電気）化学ポテンシャルが等しくなるまで拡散する．生きている細胞の膜電位は通常50〜100 mV（内側が負），ミトコンドリア内膜の膜電位は100〜200 mV（内側が負）である（§4.4）．

　脂質分子が二分子膜の一方の一分子面から反対側の一分子面に移動することを**反転拡散**または**フリップフロップ**（flip–flop）という（図3.4 a）．脂質分子のフリップフロップは遅く，半減期は数日以上であるが，これは脂質分子の極性の頭部が二分子膜の疎水性の炭化水素層を通らねばならないからである．一方，脂質二分子膜の膜面内での移動を**ラテラル拡散**または**水平拡散**（lateral diffusion）という（図3.4 b）．脂質分子は二分子膜の膜面を1〜2 μm s^{-1}程度の十分に速い速度で拡散する．このことは，細菌細胞では脂質分子は1秒間に細胞の端から他の端まで移動できることを意味する．

　脂質二分子膜は**転移温度**（T_c）以下になると，流動性に富む液晶

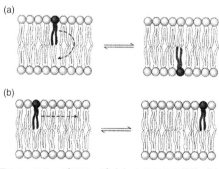

図3.4　フリップフロップ（a）とラテラル拡散（b）

状態からゲル状の固体へと相転移し，流動性を失う（図3.5）．脂質分子の脂肪酸尾部のC−C結合は基本的には自由に回転できるが，温度がT_c以下では，脂肪酸アルキル鎖のC−C結合のコンホメーションはすべてトランスで，よく伸びた構造となる．その結果，脂質分子はよくそろって並び，分子間に隙間がなくなってファンデルワールス相互作用が増し，分子の動きが制限される．一方温度がT_c以上では，脂肪酸尾部のC−C結合のコンホメーションはトランスだけでなく他の回転異性体（ゴーシュ）が混じるため，分子間に隙間ができてファンデルワールス相互作用が弱まり，脂質分子は膜面内をかなり自由に動ける．転移温度T_cは，脂質分子のアルキル鎖の長さや飽和度により大きく変わる．一般に脂肪酸鎖が長

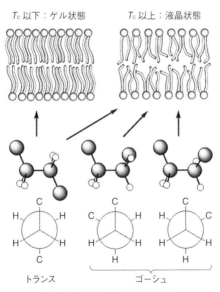

図3.5　脂質二分子膜の相転移

くなるほど，また飽和度が高いほど，脂肪酸の融点と同様に転移温度は高くなる．

　生体膜の流動性は生体膜の生理的機能に必須である．たとえば，生体膜で脂質二分子膜に埋め込まれた膜タンパク質が他の膜内分子と相互作用するためには膜の流動性が必須である．したがって恒温動物の膜の T_c は体温よりもはるかに低く，膜の流動性が保たれている．大腸菌のような原核生物から魚などの変温動物まで，膜の脂肪酸組成は外界の温度に合わせて調整され，膜の流動性が保証されている．

3.3　生 体 膜

　生体膜（biomembrane）はおもにタンパク質と脂質からなり，その重量比は 1：4〜4：1 である．脂質は二分子膜を形成し，膜タンパク質の溶媒，物質の透過障壁としての機能をもつ．膜タンパク質は個々の膜で特定の機能を担う．言い換えれば機能が異なる膜は異なるタンパク質を含む．脂質の組成も膜の種類によって異なり，外部要因によっても変わりうる．膜タンパク質の機能には，各膜の固有の脂質組成が重要で，たとえばミトコンドリア内膜の電子伝達系（§4.4）をはじめとする膜タンパク質の機能には**カルジオリピンとホスファチジルエタノールアミン**の存在が必須である．カルジオリピンはミトコンドリア内膜に目立って多いが，大腸菌の細胞膜にも多い．これはミトコンドリアの起源が細胞内共生した原核生物であるとの考えとよく合う（コラム 2）．

　膜タンパク質には**内在性膜タンパク質**，**表在性膜タンパク質**，**脂質結合タンパク質**などがある（図 3.6）．ゲノムがコードするタンパク質のうち約 3 割は内在性膜タンパク質である．内在性膜タン

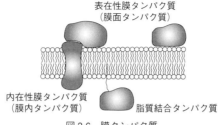

表在性膜タンパク質
（膜面タンパク質）

内在性膜タンパク質
（膜内タンパク質）

脂質結合タンパク質

図 3.6　膜タンパク質

パク質は両親媒性で，膜の疎水性部に埋まる部分の表面は疎水残基
が占め，膜面から水中に露出する部分は親水残基が多い（§2.4）．
内在性膜タンパク質は脂質二分子膜を貫通しているものが多い．た
とえば疎水残基が並んだ配列はヘリックス構造（図2.6）をつくっ
て膜を貫通する（一回膜貫通型のものと複数回膜貫通型のものがあ
る）．膜貫通ヘリックスは膜面に垂直に組み込まれる場合が多いが，
傾いて膜に組み込まれる場合もある．別の例では，タンパク質が
β バレル構造（§2.5，図2.14 d）をつくり，疎水側鎖を膜の側に，
親水側鎖を β バレルの内側に向けて突き出し，膜を貫通する．

　1972 年，Seymour J. Singer と Garth L. Nicolson は生体膜の構造
に関する**流動モザイクモデル**を提出した（図3.7）．内在性膜タン
パク質は脂質分子がつくる二次元の海に不均一に浮かぶ氷山のよう
なものであり，ラテラル拡散で自由に動き回るが反転しにくいとい
うもので，今日では正しいことがわかっている．

　生体膜の脂質分子は，かなり速く二分子膜面内を動き回る．膜タ
ンパク質が膜面内を動く速度は脂質分子に比べて 1 桁くらい遅い
が，それでも計算上は 20 μm ほどの真核細胞の端から端まで動く
のに 10〜60 min ほどしかかからない．しかし膜タンパク質や脂質
のなかには，何かに引っ掛かってある特定の領域内に閉じ込められ

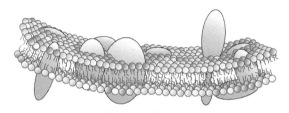

図 3.7　生体膜の流動モザイクモデル
［図提供：山形大学理学部，田村 康］

ているように見えるものもある．細胞膜で膜タンパク質の動きを制
限しているのは，たとえば細胞質側の裏打ちタンパク質の"囲い"
のためである．

　膜脂質の分布は膜面内で均一でなく，特定の組成の膜タンパク質
や脂質分子からなる小さな領域（**ミクロドメイン**）が多数存在す
る．たとえばスフィンゴ糖脂質は細胞膜の外側の面にしかないが，
これとコレステロールが集まって，**ラフト**（筏）とよばれる構造を
つくる．ラフトは周囲のリン脂質に富む部分よりも膜の厚さが大き
く，流動性が低く，非イオン性界面活性剤で可溶化されにくい．ラ
フトには脂肪酸アシル化タンパク質やグリコシルホスファチジルイ
ノシトール（GPI）結合タンパク質が優先的に集まる．しかし一方
でラフトの構造は動的で，タンパク質も脂質も周囲の膜成分と次々
に入れ替わっている．ラフトは細胞膜の半分以上を占めるという見
積もりもあるが，詳細な機能はまだよくわかっていない．

　生体膜では膜タンパク質がフリップフロップで反転することはき
わめて難しく，膜貫通タンパク質ごとに膜面に対する配向性（**膜ト
ポロジー**）が決まっている．膜タンパク質と同様，膜脂質の分布も
生体膜の内外で異なり，フリップフロップが起こらないことで膜の
内外面での脂質のランダムな混合が防がれているように見える．し

かし実際は，生体膜で内外面間の脂質のフリップフロップが適切に
起こることも重要である．たとえば生体膜が拡大成長するときは，
膜の片側面から供給される脂質が膜の反対側面に効率よく運ばれる
必要がある．正常な細胞ではホスファチジルセリンは細胞膜の内側
の面にしか存在しないが，細胞膜の外側の面に出てくると，これが
シグナルとなって血液凝固やマクロファージによる食作用がひき起
こされる．こうしたフリップフロップの制御は，特定のリン脂質の
フリップフロップを触媒することで脂質を濃度の高い面から反対側
の面に移動させる**スクランブラーゼ**や，ATP の加水分解のエネル
ギーを使って脂質を濃度の低い面から反対側の面に移動させてリン
脂質の分布を平衡からずらす**フリッパーゼ（リン脂質トランスロ
カーゼ）**のはたらきによる．

3.4　リン脂質の生合成

　膜脂質の生合成の場は生体膜である．細菌では細胞を取り囲む細
胞膜で脂質がつくられる．真核生物では，おもに**小胞体**（endo-
plasmic reticulum：**ER**）のサイトゾル側の面とミトコンドリア内
膜で脂質が合成される（図 3.8）．たとえばホスファチジン酸（PA）
は ER で合成されるが，その一部はミトコンドリアに運ばれ，ミト
コンドリア内膜の一連の酵素により，ミトコンドリア機能に重要な
カルジオリピンに変換される．カルジオリピンの脂肪酸部分は付け
替え（リモデリング）が行われるが，バース（Barth）症候群とい
う病気はこの過程に欠損があることが原因である．ER で PA から
合成されるホスファチジルセリン（PS）もミトコンドリアの内膜
に運ばれて，ミトコンドリアの機能に重要なホスファチジルエタ
ノールアミン（PE）に変換される．PE の一部はふたたび ER に

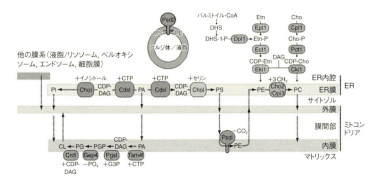

図3.8　リン脂質の合成経路

出芽酵母における合成経路を示す．PA：ホスファチジン酸，CDP-DAG：CDP-ジアシルグリセロール，PGP：ホスファチジルグリセロールリン酸，PG：ホスファチジルグリセロール，CL：カルジオリピン，PI：ホスファチジルイノシトール，PS：ホスファチジルセリン，PE：ホスファチジルエタノールアミン，DHS：ジヒドロスフィンゴシン，DHS-1-P：ジヒドロスフィンゴシン1-リン酸，Etn：エタノールアミン，Etn-P：ホスホエタノールアミン，CDP-Etn：CDP-エタノールアミン，Cho：コリン，Cho-P：ホスホコリン，CDP-Cho：CDP-コリン，PC：ホスファチジルコリン．

戻って，ホスファチジルコリン（PC）に変換される．PEの一部はゴルジ体（Golgi apparatus）や液胞でも合成される．PCやホスファチジルイノシトール（PI）もERからミトコンドリアに輸送されてミトコンドリアの外膜や内膜をつくる．ERの脂質は小胞輸送を通じてゴルジ体，細胞膜，液胞などに運ばれていくが，ERとミトコンドリア外膜，ミトコンドリアの外膜と内膜の間での脂質の輸送が，何によってどのように行われるかは，まだ不明な点が多い．近年，異なるオルガネラが近接するオルガネラ間コンタクト部位がミトコンドリアとER，ミトコンドリアと液胞の間などで見出されており，これらのコンタクト部位が脂質輸送に関わる可能性も考えられている．

3.5 小分子の膜透過

　脂質二分子膜は多くの物質の透過障壁となる．しかし細胞にとって，細胞自身やオルガネラを取り囲む膜を介して必要な物質を出入りさせることも必要である．すなわち，生体膜には膜を介して特定の物質を移動させる仕組みが存在する．

　イオンや分子が電気的あるいは濃度の勾配（電気化学的勾配）にしたがって膜を通過する拡散現象を**受動輸送**という．受動輸送には**単純拡散（非仲介輸送）**と**促進拡散（仲介輸送）**がある．単純拡散は，酸素や二酸化炭素のような気体やエタノールのような小分子が特別の輸送装置の助けを借りずに膜を通過する現象である．拡散速度は通過する物質の疎水性に比例し，疎水性は水と油への分配係数が目安になる．促進拡散は，輸送装置の助けでイオンや小分子が膜を通過する現象である．輸送装置としては，小分子性**イオノフォア**や各種の**輸送タンパク質**がある．

　ゲノムプロジェクトの成果によれば，ヒトには 1000 種以上もの輸送タンパク質が存在する．これらの輸送タンパク質は，**チャネルタンパク質**と**キャリアタンパク質**に分けられる．チャネルタンパク質の代表には，細菌やミトコンドリアの外膜の**ポリン**がある．ポリンは β バレル構造（図 2.14 d）をつくり，内部には水が通れるチャネルがある．大きな基質はチャネルを通れないものの，基質選択性はそれほど高くない．一方，生体膜には**アクアポリン**という水分子専用のチャネルがあり，生体膜の水分子透過性を大きく変えている．たとえば赤血球の細胞膜は水の透過性が高いが，腎臓のネフロンでは透過性が低い．水分子透過性の差異は各細胞のアクアポリンの性質と量の違いによる．アクアポリンの直径 2〜3 Å の孔の中央には狭窄部位があり，ここは水分子を 1 つしか通さず，H_3O^+ のよ

うなイオンは通さない．この仕組みにより，細胞膜の膜電位を保ったまま水分子を毎秒 10^9 個という高効率で通過させることができる．

　キャリアタンパク質の例としては，赤血球の細胞膜の**グルコーストランスポータ**（GLUT，§4.2）がある．グルコーストランスポータは細胞膜に非対称に組み込まれ，コンホメーションを変えることにより，グルコースが結合部位に細胞の外側からのみアクセスできる状態と，内側からのみアクセスできる状態の間を変換する．この変換は可逆で，グルコースは細胞の内外のグルコースの相対濃度に応じてどちらの方向にでも移動できる．またこれらの仕組みからわかるように，細胞外の基質（グルコース）の濃度を上げていくとグルコースの透過速度は上昇していくが，赤血球の細胞膜上のトランスポータがすべてグルコースに結合してしまうと，それ以上グルコース透過速度は速くならない．すなわち酵素反応の場合と同様，基質濃度に対する透過速度のグラフは一定値（最大透過速度）に近づく．これは単純拡散には見られない，輸送装置を使う促進拡散一般に共通する性質である．

　輸送タンパク質が，濃度勾配や電気勾配に逆らって特定の物質を通過させることを**能動輸送**という．能動輸送を行うには何らかのエネルギーが必要である．ATP の加水分解のエネルギーを使って能動輸送を行う例が **Na$^+$/K$^+$-ATPase** である．動物細胞では，Na$^+$ 濃度は細胞内が細胞外よりも低く，K$^+$ 濃度は細胞内が細胞外よりも高く保たれている．このイオン濃度差を維持しているのが Na$^+$/K$^+$-ATPase である．Na$^+$/K$^+$-ATPase はキャリアタンパク質であるが，グルコーストランスポータと異なり，イオンの移動を担うコンホメーション変化を駆動するのは膜の内外の濃度差に基づく基質の結合ではなく，ATP の加水分解である．ATP を 1 分子加水分

解するごとに，K^+イオンを2個外から内へ，Na^+イオンを3個内から外へ移動させる．この結果K^+イオンとNa^+イオンの濃度差と，それに伴って電位差が生じ，約50～100 mVの膜電位（内側が負，§3.2）の維持にも寄与する．

ATPの加水分解の代わりに，膜の内外に形成されたNa^+，K^+，H^+などのイオンの濃度差をエネルギー源として能動輸送を行うこともできる．2種類の物質の輸送が同時に起こることを**共輸送**といい，2種類の物質の輸送方向が同じ場合は**シンポート**，逆向きの場合は**アンチポート**という．共輸送で一方の輸送が膜の内外の濃度差に従った受動輸送であれば，その輸送で得られるギブズエネルギーを使ってもう一方の輸送を膜の内外の濃度差に逆らう能動輸送として行うことができる．大腸菌の細胞膜やミトコンドリアの内膜にはH^+の濃度差（内側が低い）と膜電位（内側が負）が形成されている．大腸菌の**ラクトーストランスポータ**はラクトースとH^+のシンポートを行うが，H^+の細胞外から細胞内への輸送が受動輸送なので，大腸菌は外部から栄養素としてのラクトースを能動的に細胞内に取り込み，代謝することができる．ミトコンドリア内膜の**ADP/ATPキャリア**（**ATP/ADPトランスロケータ**）はミトコンドリアのマトリックスでつくられるATPをミトコンドリアの外に送り出し，逆にサイトゾルのADPをミトコンドリアのマトリックスに取り込む．このアンチポートでは1回の輸送サイクルで正味の電荷が-4のATPを送り出し，正味の電荷が-3のADPを取り込むため，負電荷を1つ送り出すことになる．この能動輸送の駆動力はプロトン濃度勾配がつくる内膜の膜電位である（§4.4）．

小腸の上皮細胞には，Na^+とのシンポートによりグルコースを細胞内に取り込む**Na^+-グルコースシンポータ**が存在する．Na^+の細胞内への受動輸送はNa^+の濃度差を解消し，同時に細胞膜の膜電

位も解消するので，大きなギブズエネルギーが得られる．その結果
Na^+–グルコースシンポータはグルコースを濃度差にさからって
10,000倍近くも細胞内に汲み上げることができる．上皮細胞に取
り込まれたグルコースは，上皮細胞の反対側でグルコーストランス
ポータによって血液中に受動輸送で放出される．血液中に放出され
たグルコースは，血流に乗って全身の細胞に届けられる．

[**問題 3.1**]　ミトコンドリア内膜の Ca^{2+} 輸送系に関して以下の問に答
えよ．

(1) ミトコンドリア内膜には，内膜の膜電位を駆動力として Ca^{2+} を
流入させるユニポート輸送系が存在する．膜電位を駆動力とする
Ca^{2+} 輸送の仕組みを考えよ．

(2) ミトコンドリア内部には常に無機リン酸イオン Pi が高濃度で存
在するので，ミトコンドリア内に取り込まれた Ca^{2+} は遊離イオン
としては 1 mM 以上になれないという．これはなぜか？　またミ
トコンドリア内部にはなぜ Pi が高濃度で存在するのか？

(3) ミトコンドリア内膜には，Na^+ 濃度勾配を駆動力として Ca^{2+} を
流出させるアンチポート輸送系がある．通常ミトコンドリアの内
部は，サイトゾルに対して Na^+ 濃度が低く保たれていると考えら
れるか，それとも高く保たれていると考えられるか？　理由も述
べよ．

(4) ミトコンドリア内部への Ca^{2+} 流入速度はサイトゾルの Ca^{2+} 濃
度が高いほど大きくなるが，ミトコンドリア内部からの Ca^{2+} 流出
速度はサイトゾルの Ca^{2+} 濃度に依存せず，常に一定である．ミト
コンドリアがサイトゾルの Ca^{2+} 濃度を一定に保つ緩衝機構として
はたらく理由を説明せよ．

[**解**]　(1) 膜電位は外側が正，内側が負なので，陽イオンを内側に移
動させることができる．

(2) リン酸カルシウムは難溶．ATP 合成のために Pi が必要．

(3) アンチポートなので，内部の Na^+ は低く保たれている．

(4) サイトゾルの Ca^{2+} 濃度が上がるとミトコンドリア内部への流入速度＞流出速度となり，サイトゾルの Ca^{2+} 濃度が下がると流入速度＜流出速度となるので，サイトゾルの Ca^{2+} 濃度の急激な変化が抑えられる．

[**問題 3.2**]　イオノフォアと膜タンパク質に関して以下の問に答えよ．
  (1) バリノマイシンは K^+ 特異的に受動輸送を行うイオノフォアである．Na^+ を含み K^+ を含まない緩衝液中で調製したリポソームにバリノマイシンを組み込んだ．続いてゲル沪過により，リポソーム外部の溶液を Na^+ を含み K^+ を含まない緩衝液から，K^+ を含み Na^+ を含まない緩衝液に交換した．このリポソームでは何が起こるか説明せよ．
  (2) 界面活性剤を使うと内在性膜タンパク質を可溶化できる（膜タンパク質分子を水中に分散させる）が，リン脂質や油脂では内在性膜タンパク質を可溶化できない．理由は何か．
[**解**]　(1) リポソーム中には Na^+ が存在するが K^+ は存在しない．これを K^+ を含む緩衝液に移すと，バリノマイシンによる K^+ の受動輸送で，K^+ が一時的にリポソーム内に流入する．このことにより，膜の内外に電位差が生じる（内側が正）．
(2) リン脂質（構造的にミセルをとりにくい）や油脂（両親媒性でない）は膜タンパク質を含む混合ミセルをつくって膜タンパク質を水溶液中に分散することができない．

3.6　タンパク質の膜透過と膜への組込み

　生体膜はしばしばタンパク質のような高分子も膜の外側から内側に輸送しなければならない．さらに膜タンパク質を生体膜に組み込む必要もある．たとえばミトコンドリア，葉緑体，ペルオキシソームなどの内部に存在するタンパク質の大部分はサイトゾルで生合成された後，各オルガネラ内に膜輸送で取り込まれる．そして，可溶

性タンパク質はオルガネラ内部の可溶性区画に送られ，膜タンパク
質はオルガネラ膜に組み込まれる．真核生物の細胞膜のタンパク質
や細胞外に分泌されるタンパク質は，すべて小胞体（ER）におい
て小胞体膜に組み込まれるか，ER内腔に取り込まれてから小胞輸
送で運ばれる．タンパク質を膜透過させるトランスポータは**トラン
スロコン**あるいは**トランスロケータ**とよばれる．

　原核生物の細胞膜と真核生物のER膜には，進化的に保存された
SecY複合体（原核生物）もしくは**Sec61複合体**（真核生物）と
よばれるトランスロコンが存在する．アーキア（古細菌）のSecY
複合体（図3.9）はα，β，γの3サブユニットからなるヘテロ三量
体で，αサブユニットは10本の膜貫通ヘリックスをもち，これら
のヘリックスが集合して砂時計型のチャネルをつくる．チャネルの
中央部の狭窄部位は6つの疎水残基がポア（孔）リングという構

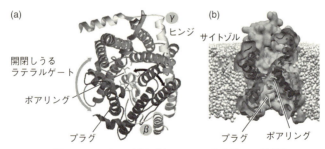

図3.9　アーキア（古細菌）のSecY複合体のX線構造
（a）αサブユニットの前半部分のヘリックス1〜5（グレー）と後半部分のヘリッ
クス6〜10（濃いグレー）はラテラル（膜面方向）に開閉するゲートをつくる．
βサブユニットとγサブユニットは薄いグレーで示した（詳しくは口絵3のカ
ラー図を参照）．
（b）チャネルの狭窄部位にはポアリング残基が並び，そこにプラグヘリックス
が栓をする形となって小分子やイオンの透過を防ぐ．
[Rapoport, T., *Nature* **450**, 663–669（2007）]

造をつくり，そこをペリプラズム側からプラグとよばれる短いヘリックスが塞いで，小分子やイオンの漏出を防いでいる．膜透過されるタンパク質のシグナルペプチド（膜透過基質のタンパク質の N 末端側で分泌シグナルとしてはたらく疎水性の配列）が N 末端をサイトゾル側に向けたループ構造をつくりつつチャネルに入ってくると，狭窄部位が開いてプラグが押しのけられ，ポリペプチド鎖のチャネル通過が起こる．

　ポリペプチド鎖がサイトゾル側からペリプラズム側（原核生物）または ER 内腔（真核生物）に移動するための原動力を提供するのは何か？　原核生物の真性細菌の場合は，サイトゾルの可溶性タンパク質 SecA が ATP の加水分解と共役して，基質タンパク質を高次構造がほどけた状態で，SecY チャネルに押し込む．真核生物の ER では，リボソームがトランスロコンと相互作用し，タンパク質の合成とトランスロコンによる ER 膜透過が共役して行われる．すなわちタンパク質は合成されながら高次構造をとる前の"ひも"のような状態でトランスロコンのチャネルを通過し，ER 内腔に送り込まれる．タンパク質の一方向的な膜透過の原動力はタンパク質合成のポリペプチド鎖延長のエネルギーということになる．酵母などの真核生物では，一部のタンパク質は，タンパク質合成が終了してから ER 内腔に移行する．ミトコンドリアでは，多くの場合タンパク質合成と外膜および内膜の膜透過が共役しないので，やはりタンパク質合成が終了してからミトコンドリア内に取り込まれることが多い．この場合は，サイトゾル側で基質タンパク質が高次構造を形成しても，ミトコンドリアのマトリックスや ER 内腔の分子シャペロン Hsp70 が ATP 加水分解のエネルギーを使い，**ブラウニアンラチェット**（コラム 1 参照）という機構でポリペプチド鎖をほどき，内部への移動を促進する．

　Sec 複合体などのトランスロコンは可溶性タンパク質の膜透過経路を提供するだけでなく，膜タンパク質の膜貫通配列を細胞膜（原核生物）や ER 膜（真核生物）に組み込むはたらきも担う．トランスロコンのチャネルは単なる孔ではなく，膜面方向にも開く（ラテラルゲートという）構造になっている．ラテラルゲートはトランスロコンのチャネルを構成する 2 本のヘリックスが相対位置を変え

コラム 1

ブラウニアンラチェット（Brownian ratchet）

　生体内には，ATP 加水分解などの化学エネルギーを運動や力の発生といった機械エネルギーに変換する，さまざまなモータータンパク質が存在する．アクチンフィラメントというレールの上を走るミオシン（直進モーター），プロトン濃度勾配を利用して回転することで ATP を合成する ATP シンターゼ（回転モーター，§4.4）などである．こうしたモータータンパク質の作動機構として代表的なものがパワーストロークモデルとブラウニアンラチェットモデルである．パワーストロークモデルでは，モータータンパク質分子がコンホメーション変化を起こすことによって直接力学的仕事をする．ブラウニアンラチェットモデルでは，モータータンパク質または基質分子のランダムなブラウ

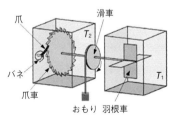

図 1　ブラウニアンラチェット

ることで開閉すると考えられている．ポリペプチド鎖がチャネルを通過しているときはラテラルゲートが開いており，疎水性の膜貫通配列がチャネル内に入ってくると，チャネル内の親水性環境から脂質二分子膜の疎水性環境へと一種の分配により移動するものと考えられている．この際，膜貫通配列は水和水を脱ぐ必要があるが，そのメカニズムはまだよくわかっていない．

ン運動から特定方向への揺らぎのみを取り出すことで，実質的に力学的仕事を実現する．

　ブラウニアンラチェットは，もともとは Richard P. Feynman が『ファインマン 物理学』で取り上げたミクロの仮想的な装置に由来している．この装置では，右回りにも左回りにも自由に回転できる羽根車が，同じ軸を介して一方向にしか回れない爪車（ラチェット）に繋がっている（図1）．この装置を一様な温度の気体の中（$T_1 = T_2$）に入れると，羽根車には気体分子がランダムに衝突し，ブラウン運動として羽根車を右回り，左回りのいずれかにランダムに回転させようとする．しかし，爪車は一方向にしか回れないため，羽根車は結局，一方向（図1では右回り）にのみ回る．その結果，たとえば軸にとりつけたひもで小さなおもりが引き上げられ，本来ランダムであるはずのブラウン運動から一方向の運動を取り出し，仕事をすることができてしまう．これは熱力学第二法則に反するため実現しない（羽根車へのランダムな気体分子の衝突がこの装置自体の温度を上げ，爪車は熱揺らぎにより，一方向にだけ回るのではなくどちらの方向にも回るようになってしまう）が，エネルギーを注入すれば（この例ではエネルギーを使って爪車を冷やし，一方向にしか回らないようにすれば（$T_1 > T_2$））ブラウン運動で駆動されるミクロのモーターとしてはたらくことが可能となる．

　前駆体タンパク質のオルガネラ膜透過においては，トランスロコンのチャネルの大きさが小さいため，フォールディングした前駆体タンパク質は高次構造

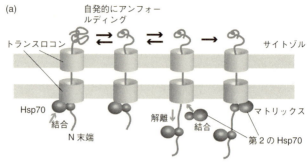

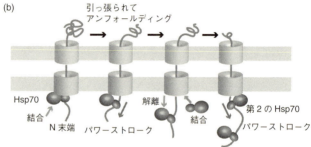

図2　(a) ブラウニアンラチェットモデル，(b) パワーストロークモデル

がほどけて（アンフォールディングして）ひものような形で能動輸送されねば
ならない．ミトコンドリアの外膜−内膜透過の場合は，前駆体の N 末端のプレ
配列が，サイトゾルからトランスロコンのチャネルを通ってマトリックスに

入ってくると，マトリックスの Hsp70 が結合する．この後，プレ配列に結合した Hsp70 がコンホメーション変化を起こして力学的に前駆体を引き込むことで，サイトゾル側の前駆体のドメインがアンフォールディングする，というのがパワーストロークモデルである（図 2 b）．一方，一般にタンパク質ドメインは一時的に構造が一部ほどけては巻き戻る，という揺らぎを繰り返している．サイトゾル側のドメインの N 末端付近が一時的にアンフォールディングし，ブラウン運動でマトリックスに入ってきたとき，マトリックスで第 2 の Hsp70 がこれに結合して，前駆体タンパク質の逆戻りと巻戻りを妨げると，サイトゾル側のドメインは巻き戻れずにアンフォールディングしてしまう．これがブラウニアンラチェットモデルである（図 2 a）．ミトコンドリアでも ER でも，オルガネラ内の Hsp70 はブラウニアンラチェットで前駆体タンパク質をアンフォールディングすると考えられているが，この場合，ATP 加水分解のエネルギーは，Hsp70 の入れ替わり（ターンオーバー）に使われることになる．一方で，より強力なアンフォールディング活性をもつ葉緑体ストロマのモータータンパク質による前駆体タンパク質の膜透過では，パワーストロークがはたらく可能性を否定できない．

　ATP 依存性プロテアーゼによる基質タンパク質の分解においても同様の問題が考えられる．真核生物のプロテアソーム（§5.4），原核生物の Clp プロテアーゼでは触媒部位はプロテアーゼ内部に隔離されており，細い孔を介してのみ外部へと繋がっている．高次構造をとった基質は，アンフォールディングされつつこの細い孔を通って内部の触媒部位へと導かれ，分解される．この場合のアンフォールディングでは，パワーストロークがはたらく可能性が高い．

標準アミノ酸の構造，三文字表記と一文字表記

［アミノ酸側鎖の疎水性評価は下記文献を参考にした.
Creighton, T. E., "Proteins (2nd ed.)", p.154, W. H. Freeman (1993)
Engelman, D. A., *et al*., *Annu Rev Biophys Biophys Chem* **15**, 321–353 (1986)
Hopp, T. P., Woods, K. R., *Proc Natl Acad Sci* **78**, 3824–3828 (1981)
Kyte, J., Doolittle, R. F. *J Mol Biol* **157**, 105–132 (1982)］

代謝とエネルギー

　生きものの最小単位である細胞ではいろいろな化学反応が行われ，そのほとんどを**酵素**が触媒する．酵素反応は室温，常圧，中性付近の穏やかな条件で進行し，高温高圧などといった過酷な条件なしに触媒効率（触媒1分子による反応速度）が桁はずれに高く，**特異性**（specificity）があって副反応はほぼ完全に抑えられ，**調節能**があって生体に必要な反応を必要なときだけ触媒するなど，化学実験室や工場で使う非生物触媒とは異なる特性をもつ．

　大腸菌のような単細胞にも酵素を含めて数千種類のタンパク分子があり，互いに協力して外界から栄養を取り入れ，必要な体成分を合成し，不要な分子や有害分子を分解，排出し，運動，成長，生殖などの生命活動を営む．この過程を**代謝**（metabolism）という．まず代謝を担う酵素の反応速度論から始め，代謝過程に話題を進める．

4.1　酵素反応速度論

　酵素（enzyme, E）の触媒作用を受ける分子を**基質**（substrate, S）といい，酵素に基質が結合する部位を**活性部位**（active site）という．Eは活性部位でSと結合して**酵素-基質複合体**（**ES**）を形成し，これが**生成物**（product, P）を遊離して元のEに戻ると考え，

反応 4.1 のように表す. k_1, k_{-1}, k_2 はそれぞれのステップにおける速度定数である.

$$E + S \underset{k_{-1}}{\overset{k_1}{\rightleftharpoons}} ES \xrightarrow{k_2} E + P \tag{4.1}$$

触媒である E は S に比べ極微量で反応を進めるので [E]≪[S], E＋S から ES を生じる速度 k_1[E][S] は ES が逆行して E＋S に戻る速度 k_{-1}[ES] と E＋P に分解する速度 k_2[ES] の和に等しく, [ES] は [S] が極端に減るまであまり変化しないと考えると, E＋S から ES を生じる速度 k_1[E][S] は ES が逆行して E＋S に戻る速度 k_{-1}[ES] と E＋P に分解する速度 k_2[ES] の和に等しい (式 4.2).

$$k_1[E][S] = k_{-1}[ES] + k_2[ES] = (k_{-1} + k_2)[ES] \tag{4.2}$$

ここで $(k_{-1} + k_2)/k_1 = K_m$ とおき K_m を**ミカエリス定数**と定義すると,

$$\frac{[E][S]}{[ES]} = \frac{k_{-1} + k_2}{k_1} = K_m \tag{4.3}$$

K_m は濃度と同じ次元をもつ.

　[E] と [ES] を別々に測定するのは困難だが, 両者の和, 全酵素濃度 [E]$_T$＝[E]＋[ES] なら実験者にはわかる. そこで [E]＝[E]$_T$－[ES] とおき, これを式 4.3 に代入し次式を得る.

$$([E]_T - [ES])[S] = K_m[ES]$$

$$[ES] = \frac{[E]_T[S]}{K_m + [S]}$$

反応速度 v は P の生成速度だから k_2[ES] に等しい (式 4.4).

$$v = k_2[ES] = \frac{k_2[E]_T[S]}{K_m + [S]} \tag{4.4}$$

$[S] \gg K_m$ のとき $[S]/(K_m+[S])=1$ となる.そのときの反応速度を V_{max}（**最大反応速度**）とおけば，$V_{max}=k_2[E]_T$，これを式 4.4 に代入して**ミカエリス・メンテン**（Michaelis–Menten）**式**（式 4.5）を得る.

$$v = \frac{V_{max}[S]}{K_m+[S]} \tag{4.5}$$

k_2 は**触媒定数**または**回転数**ともいい，k_{cat} とも書く（式 4.6）.

$$k_{cat} = k_2 = \frac{V_{max}}{[E]_T} \tag{4.6}$$

酵素の**触媒効率**を表す指標としては k_{cat}/K_m が使われる.

　グラフで横軸に $[S]$，縦軸に v をとってミカエリス・メンテン式をプロットすると，図 4.1 の**直角双曲線**になる（図のシグモイドについては後述）.$[S]=K_m$ のとき $v=0.5V_{max}$ となるので，ミカエリス定数とは最大反応速度の 50% の反応速度を与える基質濃度で，酵素と基質の親和性が高いときは K_m が小さい.

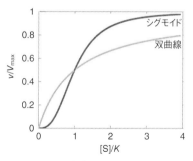

図 4.1　基質濃度 [S] と酵素反応速度 *v* の関係

横軸は K_m（図では *K* と表示）に対する基質濃度 [S] の比，縦軸は V_{max} に対する反応速度 *v* の比.双曲線はミカエリス・メンテン式（式 4.5）に対応.シグモイドは後述のヒル式（式 4.12）で *n*=2.8 としたときに相当する.

ミカエリス・メンテン式の誘導では基質Sは1種類と仮定したが，酵素反応には2基質反応が多い．たとえば血液検査で筋肉損傷の目印に使われるクレアチンキナーゼ（CK）は次の反応を触媒する．

$$H_2\overset{+}{N}\quad \overset{\overset{\displaystyle CH_3}{|}}{N}\quad CO_2^- + ATP^{4-} \rightleftharpoons H_2\overset{+}{N}\quad \overset{\overset{\displaystyle CH_3}{|}}{N}\quad CO_2^- + ADP^{3-} + H^+$$

$$\underset{NH_2}{}\qquad\qquad\qquad\qquad \underset{^{2-}O_3P}{}\overset{}{NH}$$

　　　　クレアチン　　　　　　　　　　　ホスホクレアチン

2基質をA+Bとした場合，一方，たとえばBを大過剰 $[B] \gg [A]$ にしてAの濃度変化と反応速度からAに対する $K_{m(A)}$ を測定，次に $[A] \gg [B]$ の条件で $K_{m(B)}$ を測定する．

　酵素と結合して酵素作用を妨害する物質を**阻害剤**（inhibitor, I）という．酵素が基質Sと結合してESをつくれば反応が進む（式4.1）．しかし阻害剤と結合して酵素‐阻害剤複合体EIをつくるか（式4.7），ES複合体に阻害剤が結合して酵素‐基質‐阻害剤複合体ESIをつくれば（式4.8），酵素反応は進まない（K_i, K_i'は解離定数）．

$$E + S \rightleftharpoons ES \longrightarrow E + P \tag{4.1}$$

$$K_m = \frac{[E][S]}{[ES]} \tag{4.3}$$

$$E + I \rightleftharpoons EI \qquad K_i = \frac{[E][I]}{[EI]} \tag{4.7}$$

$$ES + I \rightleftharpoons ESI \qquad K_i' = \frac{[ES][I]}{[ESI]} \tag{4.8}$$

これより $[E] = K_m[ES]/[S]$, $[EI] = [E][I]/K_i = K_m[ES][I]/(K_i[S])$,

$[\mathrm{ESI}] = [\mathrm{ES}][\mathrm{I}]/K_i'$. したがって

$$[\mathrm{E}]_{\mathrm{T}} = \frac{K_\mathrm{m}[\mathrm{ES}]}{[\mathrm{S}]} + [\mathrm{ES}] + \frac{K_\mathrm{m}[\mathrm{ES}][\mathrm{I}]}{K_i[\mathrm{S}]} + \frac{[\mathrm{ES}][\mathrm{I}]}{K_i'}$$

これより式 4.9 が導ける.

$$v = \frac{V_\mathrm{max}[\mathrm{S}]}{\left(1 + \dfrac{[\mathrm{I}]}{K_i}\right)K_\mathrm{m} + \left(1 + \dfrac{[\mathrm{I}]}{K_i'}\right)[\mathrm{S}]} \tag{4.9}$$

　式 4.9 はどんな型の阻害にも使える速度式である. ある種の阻害剤は酵素の活性部位に基質と競合して ES または EI はつくるが, ES から ESI はつくれない. この型の阻害を**競合阻害**という. 反応 4.8 がないから, その結合定数 (解離定数の逆数) $1/K_i' = 0$ を式 4.9 に代入した速度式になる. 阻害剤が ES には結合するが E とは結合しない場合, この型の阻害を**反競合阻害**という (不競合阻害という人もいるが勧めない). このときは反応 4.7 の結合定数 (解離定数の逆数) $1/K_i = 0$ を式 4.9 に代入した速度式になる. 競合でも反競合でもない阻害 (式 4.9) を**混合阻害**というが, そのなかで, めったにないが $K_i = K_i'$ という特殊な場合を**非競合阻害**という.

　ある種の酵素では過剰な基質が酵素を阻害する. この**基質阻害**では S が I と同じ分子だから反応 4.7 が存在せず $1/K_i = 0$, 反応 4.8 で I＝S, したがって式 4.9 で $[\mathrm{I}] = [\mathrm{S}]$, K_i' は基質が阻害剤としてはたらくときの解離定数である. 基質が活性部位に結合した後で付く余分な基質が阻害剤としてはたらくときは $K_i' > K_\mathrm{m}$ となる. 解糖系のホスホフルクトキナーゼ (PFK) はフルクトース 6-リン酸 (F6P) と ATP からフルクトース 1,6-ビスリン酸 (FBP) をつくる酵素だが, ATP による基質阻害を受ける (§4.2).

　酵素反応の生成物が蓄積すれば逆反応のため正反応の速度が遅くなるが, さらに生成物が積極的に阻害剤としてはたらく**生成物阻害**

もある．解糖経路の出発酵素ヘキソキナーゼ(HK) の生成物，グルコース 6-リン酸による阻害が有名で，解糖の調節に関与する．

[問題 4.1] ミカエリス・メンテン式（式 4.5）の両辺の逆数をとれば式 4.10 が得られる．

$$\frac{1}{v} = \frac{K_m}{V_{max}} \cdot \frac{1}{[S]} + \frac{1}{V_{max}} \tag{4.10}$$

グラフの横軸に $1/[S]$，縦軸に $1/v$ をとり，いろいろな基質濃度で酵素反応速度の測定値をプロットすれば縦軸で $1/V_{max}$，横軸で $-1/K_m$ を通る直線になる．このプロットを**ラインウィーバー・バーク**（Lineweaver–Burk）**プロット**または**両逆数プロット**といい，K_m，V_{max} を作図で求める手段である．阻害剤の有無でラインウィーバー・バークプロットを比較して競合阻害，反競合阻害，非競合阻害を見分ける方法を，各自で作図して考案せよ．解は載せない．

[参考] 最近ではコンピュータの利用が進み，ミカエリス・メンテン式をそのまま使った非線形最小二乗カーブフィッティングを行うことで正確な K_m と V_{max} の推定値が得られる．

基質と酵素の関係を“鍵と鍵穴”にたとえる人もいるが，酵素はそんなに堅い構造物ではない．**誘導適合**（induced fit）といって，酵素は結合した基質に誘導されてコンホメーションを変え基質に反応を促すのがふつうである．酵素が単量体タンパク質だと誘導適合でコンホメーションを変えても他の酵素分子には影響しない．

しかし酵素分子が数個のサブユニットからなる場合，最初の基質と結合するサブユニットは他のサブユニットとの相互作用のためコンホメーションを変えにくいが，いったん基質と結合してコンホメーションを変えれば他のサブユニットにコンホメーション変化をもたらして基質と結合しやすくすることがある．酵素がホモ四量体 E_4 のときの速度式を導こう．E_4 は次のように基質 S と結合する．

$$E_4 + S \rightleftharpoons E_4S \qquad\qquad K_1 = \frac{[E_4][S]}{[E_4S]}$$

$$E_4S + S \rightleftharpoons E_4S_2 \qquad\qquad K_2 = \frac{[E_4S][S]}{[E_4S_2]}$$

$$E_4S_2 + S \rightleftharpoons E_4S_3 \qquad\qquad K_3 = \frac{[E_4S_2][S]}{[E_4S_3]}$$

$$E_4S_3 + S \rightleftharpoons E_4S_4 \qquad\qquad K_4 = \frac{[E_4S_3][S]}{[E_4S_4]}$$

E_4S とは ES・E_3 のことで，2番目の式でSが3個のEのどれにつくかで K_2 の値が違うかもしれないが同じとし，E_4S, E_4S_2, E_4S_3, E_4S_4 から生成物Pができる速度比は1：2：3：4と仮定すると，速度式 4.11 を得る（式は自力で誘導してみよう．すでに説明した方法でできるが $V_{max} = k_2[E]_T/4$ であることに注意）．

$$v = \frac{V_{max}\{K_2K_3K_4[S] + 2K_3K_4[S]^2 + 3K_4[S]^3 + 4[S]^4\}/4}{K_1K_2K_3K_4 + K_2K_3K_4[S] + K_3K_4[S]^2 + K_4[S]^3 + [S]^4} \tag{4.11}$$

酵素反応速度の実測値から式 4.11 の4個の解離定数を求めるには速度をよほど正確に測定しないと無理で，あまり例がない．代わりに多サブユニット酵素の速度式としてよく使われる**ヒル式**（式 4.12）は式 4.11 を簡素化した近似式である（n はヒル係数で，整数でなくてもよい）．

$$v = \frac{V_{max}[S]^n}{K^n + [S]^n} \tag{4.12}$$

ここでも K の次元は [S] と同じである．酵素が四量体なら $4 > n > 1$，二量体なら $2 > n > 1$ である．[S] と v の関係を図 4.1 に示したが，この s 字形の曲線を**シグモイド**という．式 4.11 で K_4 が K_1, K_2, K_3 に比べて小さければヒル式で近似したとき n が4に近い．

ヒル式は，もとは Archibald Hill がヘモグロビン(Hb) の O_2 結合

率と O_2 分圧（p_{O_2}）の関係を表す式として導いたものだ．Hb はヘテロ四量体の $\alpha_2\beta_2$ 構造だが，α と β はよく似ているのでホモ四量体に近い．本来のヒル式は式 4.12 の v を O_2 結合率に，V_{max} を 1（100%）に，[S] を p_{O_2} にしたもので，$n = 2.8 \sim 3.0$ である．Hb の O_2 結合率は正確に分光測定できるから，式 4.11 の 4 個の解離定数も求められる（§2.8 も参照）．

　ヒル式のラインウィーバー・バークプロットは直線にならないが，逆数形（式 4.10 の形式）に変えたのち対数形の式 4.13 に変換できる．

$$\log \frac{v}{V_{max} - v} = n \log [\mathrm{S}] - n \log K \tag{4.13}$$

横軸に $\log [\mathrm{S}]$，縦軸に $\log [v/(V_{max} - v)]$ をとって実測値をプロットすれば，傾き n の直線が得られる（直線の両端部はくずれて $n = 1$ になる）．阻害剤の影響も $[\mathrm{I}]^n$ で表される場合がある．シグモイド速度式を与える酵素は**アロステリックタンパク**の特徴である．

A. 酵素活性の測定　　酵素活性とは酵素反応速度のことである．そこで，基質または生成物の量または濃度の時間変化を測定すればよい．その方法は**分光光度計**（spectrophotometer）による吸光度変化の測定が一般的である．光を吸収する物質の濃度 c の溶液に強度 I_0 の光が入射し透過光の強度が I のとき，**吸光度**（absorbance）$A = \log (I_0/I)$ と定義する．

　ランベルト（Lambert）の法則によれば吸光度 A は溶液の厚さ（光路長）に比例し，ベール（Beer）の法則によれば A は濃度 c に比例する．光路長を一定，たとえば 1 cm と決めれば式 4.14 が成り立ち，比例係数 ε を**吸光係数**という．ε は光の波長 λ に依存する．

$$A = \log \frac{I_0}{I} = \varepsilon c \tag{4.14}$$

溶媒自身も光を吸収するから，光路長の等しい溶媒と溶液に同じ強度の光を通し，溶媒の透過光強度を I_0，溶液の透過光強度を I とするのがふつうで，溶質濃度 1 M，光路 1 cm のときの ε を**モル吸光度**（molar absorptivity）という．なお，基質と生成物の可視・紫外スペクトルに差がないときは，他の酵素反応と組み合わせるか，発色生成物または発蛍光生成物ができるような基質を選ぶなどして吸光度（または蛍光）の測定を可能にする．

B. 酵素活性の pH 依存　　酵素活性は pH に依存する．酵素タンパク質には多数の解離基があり pH によりイオン化状態が変わる．そのなかで活性部位を構成する 2 個の解離基に注目し，酵素をこの 2 個の解離基をもつ酸 EH_2 と考え，活性部位以外の解離基の H^+ 解離は酵素活性に無関係と仮定する．酵素の H^+ 解離は式 4.15 で表せる．

$$\mathrm{EH_2} \underset{\mathrm{p}K_1}{\overset{\mathrm{H^+}}{\rightleftharpoons}} \mathrm{EH^-} \underset{\mathrm{p}K_2}{\overset{\mathrm{H^+}}{\rightleftharpoons}} \mathrm{E^{2-}} \tag{4.15}$$

ここで，酵素の EH^- 形は活性，EH_2 と E^{2-} は不活性と仮定すれば，酵素活性は $[EH^-]$ に比例する．$[EH_2]$，$[EH^-]$，$[E^{2-}]$ の関係は式 1.23 より次のように導かれる．$[E]_T$ は酵素の全濃度である．

$$\mathrm{pH} = \mathrm{p}K_1 + \log \frac{[\mathrm{EH^-}]}{[\mathrm{EH_2}]} = \mathrm{p}K_2 + \log \frac{[\mathrm{E^{2-}}]}{[\mathrm{EH^-}]}$$

$$\frac{[\mathrm{EH_2}]}{[\mathrm{EH^-}]} = 10^{\mathrm{p}K_1 - \mathrm{pH}} \qquad \frac{[\mathrm{E^{2-}}]}{[\mathrm{EH^-}]} = 10^{\mathrm{pH} - \mathrm{p}K_2}$$

$$[\mathrm{E}]_T = [\mathrm{EH_2}] + [\mathrm{EH^-}] + [\mathrm{E^{2-}}] = [\mathrm{EH^-}](10^{\mathrm{p}K_1 - \mathrm{pH}} + 1 + 10^{\mathrm{pH} - \mathrm{p}K_2})$$

これより活性酵素の割合 $[EH^-]/[E]_T$ を計算する（式 4.16, 図 4.2）．

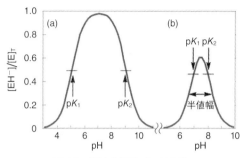

図 4.2 $[EH^-]/[E]_T$ の pH 変化

（a）$pK_1=5$，$pK_2=9$ のとき半値幅＝pK_2-pK_1．（b）$pK_1=7$，$pK_2=8$ のとき半値幅＞pK_2-pK_1．

$$\frac{[EH^-]}{[E]_T} = \frac{1}{10^{pK_1-pH}+1+10^{pH-pK_2}} \tag{4.16}$$

酵素活性の pH 変化は $[EH^-]/[E]_T$（酵素分子の中の活性酵素の割合）の pH 変化と同じで，pK_1 と pK_2 の差が大きいと図 4.2 a のような幅広い pH 依存曲線を描き，最大活性の 50% 活性を示す pH が pK_1 と pK_2 に対応する．しかし pK_1 と pK_2 の差が小さいとき，たとえば図 4.2 b のように $pK_2-pK_1=1$ だと，pH 依存曲線はシャープで，実験で求まる**最適 pH**（pH_{opt}）では活性酵素（EH^-）は全酵素の 61% を占めるだけであり，**半値幅**（half-width，最大活性の50%の活性を与える 2 つの pH 間距離，w）と pK_2-pK_1 は等しくない．半値幅から pK_2-pK_1 を求める理論式は難解だが，近似式（式 4.17）で pK_2-pK_1 を求めて pK_1 と pK_2 を計算する（$w \geq 3.3$ ならば $pK_2-pK_1 \fallingdotseq w$）．

$$pK_2-pK_1 = \sqrt{8.2\,w-10.34}-0.9 \quad (1.3 < w < 3.3) \tag{4.17}$$

$$pK_1 = pH_{opt} - 0.5(pK_2 - pK_1)$$
$$pK_2 = pH_{opt} + 0.5(pK_2 - pK_1)$$

こうして酵素の活性に関わる解離基の pK が測定され，その解離基をもつアミノ酸残基が推定される．これと X 線結晶解析などで調べた酵素の三次元構造を比べて酵素の反応メカニズムを推測することができる．

以上の説明で，EH^- は基質 S と結合しても pK_1，pK_2 は変わらない，EH_2，E^{2-} は S とは結合しないと仮定して式を誘導した．この仮定と違う酵素でも，複雑だが式は誘導できる．なお酸の pK は低いほうから pK_1，pK_2 と名付けるから $pK_1 < pK_2$ となるが，酵素 EH_2 では H^+ が解離すると酵素が活性形になる解離基に pK_1 を，H^+ が解離すると不活性形になる解離基に pK_2 を割り当てるから $pK_1 > pK_2$ という酵素があってもよい．たとえば *Klebsiella aerogenes* のウレアーゼ（尿素を加水分解する酵素）では $pK_1 = 9.0$，$pK_2 = 6.5$ と報告されている．

基質がイオン化する場合にはその影響も加わる．基質が小分子ならば pK はデータブックに出ているか，直接測定できることが多いから，複雑だが解析できる．

4.2 解糖と代謝調節

生命活動という吸エルゴン過程を駆動するため ATP を加水分解すれば ADP が生じる（§1.7）．これにリン酸基を結合し，つまり ADP を**リン酸化**して ATP に戻さねばならない．細胞には**アデニル酸キナーゼ**がありアデニンヌクレオチド（ATP＋ADP＋AMP）間の相互変換を触媒している（式 4.18）．

$$2\,ADP^{3-} \rightleftharpoons ATP^{4-} + AMP^{2-} \quad \Delta G^{\circ\prime} = -0.35\ kJ\ mol^{-1} \quad (4.18)$$

この式と式 1.14, 式 1.16 より $K_{eq} = [ATP][AMP]/[ADP]^2 = 1.15$, ただしこの K_{eq} 値は細胞内に近い $[Mg^{2+}] = 1\ mM$, イオン強度 $I = 0.1$ のときの値で, $[Mg^{2+}]$ によっては 0.45 から 1.3 まで変動する. 細胞内アデニンヌクレオチド総濃度は 3〜6 mM, ATP が減りすぎると復活できなくなるから, たいていは $[ATP]/[ADP] > 5$ を維持する.

　血中グルコース (正常濃度は 70〜109 mg dL^{-1}, 4〜6 mM) は細胞表面の**グルコーストランスポータ** (**GLUT**, §3.5) により細胞に取り込まれる. 細胞によって GLUT の種類が異なる. 赤血球の GLUT1, 肝臓の GLUT2 は常に細胞表面にあってグルコースを通す. 筋細胞や脂肪細胞の GLUT4 は一部が細胞内に隠れ, 血液に**インスリン** (血糖値の上昇を伝えるホルモン) が分泌されると細胞表面に顔を出しグルコースを活発に取り込む. 多くの細胞では取り込んだグルコースを**解糖** (glycolysis) という過程で分解する (図 4.3, 代謝物の化学構造を図 4.4 に示す).

　図 4.3 で, 細胞に入ったグルコースは, 筋細胞では ① HK により G6P にリン酸化され, G6P になると細胞膜を通れなくなる. HK は $K_m = 0.1\ mM$ だから mM レベルのグルコースでも効率よくリン酸化し, また筋細胞には①'グルコース-6-ホスファターゼ (G6Pase) がないからグルコースに戻せない. つまり筋細胞はいったん取り込んだグルコースを決して手放さず, 自分のエネルギー源として使う. しかし肝細胞では, グルコースは HK でなくグルコキナーゼでリン酸化される. この酵素は, 同じ反応だが $K_m = 5\ mM$ と高いので, 肝細胞のグルコースが高濃度にならないと G6P は生産されない. つまり血糖が豊富で他の細胞にグルコースが行き渡る条件で, はじめ

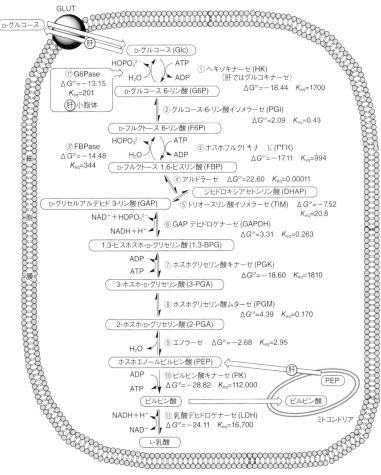

図 4.3　解糖経路

$\Delta G^{\circ\prime}$ の単位は kJ mol^{-1}. 肝臓だけで行われる過程には ㊚ 印をつけた.

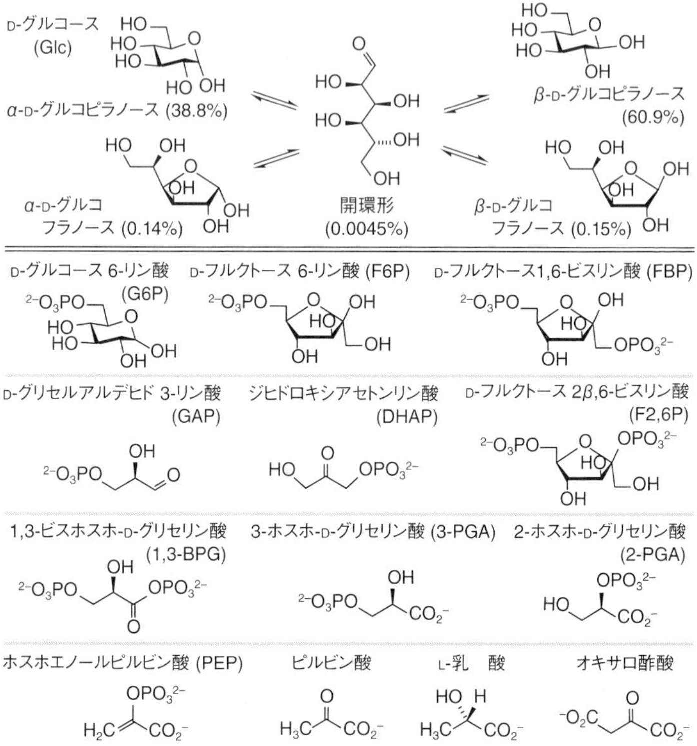

図 4.4 解糖，糖新生の関連化合物

グルコースでは水溶液（10% ジオキサン含有，pH 4.8，27℃）中に存在するすべての形とその存在割合を示す．開環形の−CHO（ホルミル基）は水和して−CH(OH)$_2$ (*gem*−ジオール) として存在する [Maple, S. R., Allerhand, A., *J Am Chem Soc* **109**, 3168−3169 (1987)]．ピラノースとは糖六員環，フラノースとは糖五員環のこと．フルクトースとそのリン酸誘導体も水溶液中で環状と開環形で存在するが，F2,6P は図示した形に固定されている．

て肝細胞はグルコースを取り込み G6P に変えて利用する．肝細胞には小胞体に G6Pase があり，血糖値が低いとき肝臓ではグリコーゲンを分解して G6P をつくり，または後述の**糖新生**（gluconeogenesis）という経路で乳酸，ピルビン酸やアミノ酸から G6P を合成してグルコースに加水分解し，血液に放出して血糖を維持する．こうして他の細胞が血中グルコースを取り込めるようにする．血糖値が $45\,\mathrm{mg\,dL^{-1}}$（2.5 mM）まで低下すると脳細胞にはピンチで，昏睡から死に至る危険がある．

[**問題 4.2**]　解糖経路（図 4.3）の HK（$K_{\mathrm{eq}}=1700$）と PFK（$K_{\mathrm{eq}}=994$）は不可逆だが，後述の PGK は $K_{\mathrm{eq}}=1810$ と HK や PFK より K_{eq} が大きいのに可逆である．矛盾するように見えるこの理由を説明せよ．

[**解**]　細胞内 [ATP]/[ADP]＝10 であるとして，HK 反応では平衡時に [G6P]/[Glc]＝17,000，PFK 反応では [FBP]/[F6P]＝9940 であり，平衡濃度比がこの大きさでは逆行はきわめて困難．これに対し PGK では [3-PGA]/[1,3-BPG]＝181．十分に逆行可能である．また HK は生成物阻害（逆行での基質阻害）を受けるので，これも逆行できない原因．

[**参考**]　LDH も $K_{\mathrm{eq}}=16,700$ と逆行不可にみえるが，細胞内の [NAD$^+$]/[NADH] 比は 1000 に近いから LDH は逆行できる．なお NAD$^+$ とよく似た NADP$^+$（リン酸化 NAD$^+$，図 4.5）の還元型 NADPH は細胞内の還元反応にはたらく補酵素で，細胞内 [NADP$^+$]/[NADPH]＝約 0.01 と還元型の割合が高く保たれている．

　図 4.3 で，次の②PGI は可逆．③PFK は不可逆だが，③'フルクトース-1,6-ビスホスファターゼ（FBPase）は筋肉にも肝臓にもある．PFK は基質のひとつ ATP で阻害され，AMP によりその阻害が解除される．細胞内 ATP が豊富なら解糖を進める必要がないので PFK を阻害して解糖速度を下げる．また ATP がアデニンヌクレオ

チドの 95% を占める高濃度のとき AMP は 0.27% しかないが，ATP が 85% に減れば AMP は 2.22% と 8 倍以上にも増加するから（式 4.18 の K_{eq} から計算で確かめてほしい），PFK の ATP による阻害もかなり軽減される．また ATP が豊富ならフルクトース–1,6–ビスホスファターゼ(FBPase) もはたらいて FBP の一部を F6P に戻すので，ATP を消費しながら F6P と FBP の間を回っている．これを**基質サイクル**という．このため解糖の正味の速度は非常に遅い．しかし**アドレナリン**（ファイトを燃やすと分泌されるホルモン）の影響で**フルクトース 2β,6–ビスリン酸**（F2,6P）ができると，PFK は活性化され，同時に FBPase が阻害される．PFK 活性が 10 のとき FBPase 活性が 9 なら解糖の実質速度は 10−9＝1，F2,6P ができて PFK 活性が 10 倍の 100 に，FBPase 活性が 1 になれば解糖速度は 100−1＝99 と 99 倍に上昇する．闘志を燃やせば筋肉ではこのような**代謝調節**（metabolic regulation）が行われ，昔から "火事場の馬鹿力" として知られている．

　肝臓では PFK の調節が筋肉とは異なる．**グルカゴン**（血糖値の低下を伝えるホルモン）やアドレナリンが分泌されると筋肉とは逆に F2,6P が減少する．このため FBPase，PGI，G6Pase が図 4.3 で上向きにはたらき，グルコースをつくって（糖新生），これを血液に放出し，筋肉など他の細胞にグルコースを供給する．グルコースが不足したとき，筋細胞では F2,6P が増え肝細胞で減るのは，F2,6P の合成と分解が筋肉と肝臓で異なる酵素により触媒されるからである．同じ生物のなかで，触媒作用は同じなのに，タンパク質としては異なり，違った調節能をもつ酵素を**アイソザイム**（isozyme）という．

[問題 4.3]　(1) FBP（初濃度 0.0001 M）にアルドラーゼを作用させ平

衡に達したときの，酵素の基質と生成物の濃度を計算せよ．
(2) 問(1)の平衡混合物にトリオースリン酸イソメラーゼ（TIM）を
加えて平衡に達したときに存在する全代謝物の濃度を計算せよ．

[解] (1) 図 4.3 に示すようにアルドラーゼの K_{eq} は

$$K_{eq} = \frac{[\text{GAP}][\text{DHAP}]}{[\text{FBP}]} = 1.1 \times 10^{-4}$$

FBP，GAP，DHAP を濃度で表せば，分子と分母で約分し K_{eq} の単
位に濃度 M が残るが，活量で表せば K_{eq} に単位は付かない．FBP
の初濃度は 0.0001 M（希薄溶液だから活量も同じ数値で 0.0001），
FBP が変化して活量 $0.0001-x$ で平衡に達すれば，生じる GAP と
DHAP の活量は x（濃度で表せば x M）だから

$$K_{eq} = \frac{[\text{GAP}]_{eq}[\text{DHAP}]_{eq}}{[\text{FBP}]_{eq}} = \frac{x^2}{0.0001-x} = 0.00011$$

変形し，移項して

$$x^2 + 0.00011\,x - 0.000000011 = 0$$

この二次方程式を解いて $x = 0.0000634$ を得る．

初濃度 0.0001 M（＝100 μM）から出発し 63.4 μM（63%）が変
化，これと等しい 63.4 μM の GAP と DHAP が生じて平衡に達する．

(2) 図 4.3 より TIM（GAP ⇌ DHAP）は $K_{eq} = [\text{DHAP}]/[\text{GAP}] = 20.8$
FBP の x M が変化して平衡に達すれば $[\text{FBP}] = 0.0001-x$．$[\text{GAP}]$
$+ [\text{DHAP}] = 2x$，したがって $[\text{GAP}] = 2x/21.8$，$[\text{DHAP}] = 20.8 \times$
$2x/21.8$，この値を K_{eq} の式に代入し

$$K_{eq} = \frac{(2x/21.8)(20.8 \times 2x/21.8)}{0.0001-x} = 0.00011$$

これより $x = 0.0000877 = 87.7 \times 10^{-6}$（濃度で表せば 87.7 μM），平
衡では $[\text{FBP}] = 12.3$ μM，$[\text{GAP}] = 8.05$ μM，$[\text{DHAP}] = 167$ μM.

[参考] アルドラーゼ反応は $\Delta G^{\circ\prime} > 0$，$K_{eq} \ll 1$ と不利な反応に見える
が，基質 1 分子から生成物 2 分子ができる分解反応では，出発物質
が低濃度だと平衡は生成物側に寄る．

解糖経路の FBP から PEP までは可逆である．赤血球内で FBP,

GAP, DHAP は問題 4.3(2) で計算した平衡濃度に等しくはないが0.5 倍から 2 倍以内にある. 図 4.3 の ⑥ から ⑨ までも逆行できる.1,3-BPG 以降 PEP までの解糖中間体濃度も, 試験管内 (*in vitro*)実験の平衡濃度とは一致しないがそれに近い. FBP は絶えず F6Pから PFK により供給され, PEP がピルビン酸キナーゼ (PK) により不可逆に消費され, 動的にほぼ一定の濃度を保つ. この状態を**定常状態** (steady state) という.

　⑥ と ⑪ に出てくる NAD+ は生物の最も普遍的な酸化還元補酵素で, 図 4.5 のようにニコチンアミドをもち, 基質 (アルコール,>CH–OH) の C につく H を引き抜いて 4 位につけることで基質を脱水素 (つまり酸化) するのがふつうだが, ⑥ の GAPDH はアルコールでなくアルデヒドを酸化すると同時に生じたカルボキシ基をリン酸化する点で, 多くの NAD+ 依存デヒドロゲナーゼとは違う. 基質の H がニコチンアミドにつくとき, H*pro-R* になるか H*pro-S*になるかは酵素によって決まっている. ⑥ の GAPDH では図 4.5 で裏側について H*pro-S* になるが, ⑪ の LDH では H*pro-R* になる.

　図 4.3 の ⑩ PK は不可逆, 生じるピルビン酸はミトコンドリアに

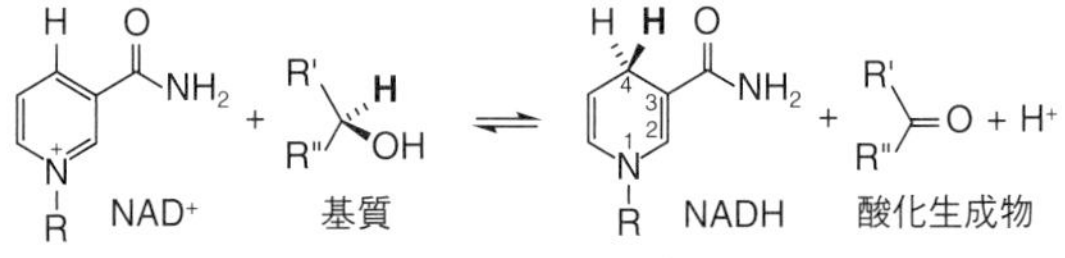

図 4.5　NAD+ と基質アルコールの反応
ニコチンアミドにつく R 基は ADP とリボースからなる構造. 基質 (>CH–OH)の C につく H はニコチンアミドの C4 位に移るとき, この図で手前につく場合(**H**) と, 反対側につく場合 (H) がある. カーン・インゴールド・プレログによる立体配置の **RS 表示法**で, C4 につく 2 個の H のうち手前の **H** の優先順位が高いとすれば (*R*) 型となるので, この H を **pro-R**, 反対側を **pro-S** とよんで区別する. NAD+ 分子の ADP 部分の 2′–リン酸エステルを NADP+ といい, これも重要な酸化還元補酵素である.

入ってクエン酸サイクル（§4.3）と電子伝達系（§4.4）により O_2 で完全酸化され CO_2 と H_2O になり，同時に ATP もつくる．GAPDH で生じた NADH も還元当量（つまり電子）だけをミトコンドリアで酸化して NAD^+ を再生し，同時に ATP もつくる．しかし短距離走など短時間の過激運動で解糖速度が速すぎると，⑪溜まったピルビン酸が NADH を酸化して乳酸に還元されることで NAD^+ を再生して解糖を続ける．乳酸のため筋細胞が酸性になるのが**疲労**（fatigue）で，酸性になった細胞では解糖が遅くなり力が出せない．

疲労回復には，溜まった乳酸をピルビン酸に戻してミトコンドリアに送り，クエン酸サイクルと電子伝達系で完全酸化する必要がある．筋肉に蓄積した乳酸の一部は血液にのって肝臓に送られ，ここで後述の糖新生によりグルコースになり，また血液にのって筋肉に送り返される．この代謝物の循環経路を，発見者 Carl Cori, Gerty Cori の名をとって**コリ・サイクル**という．

[**問題 4.4**]　酵母は O_2 濃度が低いとき**アルコール発酵**（alcoholic fermentation）により 1 分子のグルコースから 2 分子のエタノールと 2 分子の CO_2 を発生する．この代謝経路は，ピルビン酸ができるまでは解糖と同じで，解糖と同様に ATP を生産する経路である．
（1）ピルビン酸からエタノールと CO_2 を生じる経路を推定せよ．
（2）フッ化物イオン F^- はエノラーゼの阻害剤である．発酵中の酵母に F^- を加えると，どの化合物が蓄積するか？

[**解**]　（1）反応は 2 ステップ．まず CO_2 が取れてから還元されるのか，還元された後で CO_2 が取れるのか，どちらが化学反応として合理的か各自で考えよ．
（2）エノラーゼの基質 2-PGA が蓄積するが，PGM 反応（$K_{eq} = 0.17$）の逆行で 3-PGA が蓄積，濃度は 2-PGA の約 6 倍になる．

解糖経路に可逆ステップはあるものの筋肉では全体として不可逆

に進み，ピルビン酸と乳酸を生じる．しかし肝臓と腎臓には乳酸やピルビン酸からグルコースを合成する**糖新生**経路がある．20 種のタンパク質構成アミノ酸のうちリシン，ロイシン以外の 18 種は分解産物からピルビン酸をつくれるから糖新生の材料になる．すでに述べたように解糖経路（図 4.3）の PEP から FBP までは可逆，FBP からは③と①の不可逆ステップを③と①でバイパスすればグルコースに戻れるから，ピルビン酸から PEP をつくれば糖新生を進められる．ピルビン酸は次の 2 反応（式 4.19, 式 4.20）で PEP に戻れる．

$$\text{ピルビン酸}^- + HCO_3^- + ATP^{4-} \longrightarrow \text{オキサロ酢酸}^{2-} +$$
$$ADP^{3-} + HOPO_3^{2-} + H^+$$
$$\Delta G^{\circ\prime} = -4.51 \text{ kJ mol}^{-1} \qquad (4.19)$$
$$\text{オキサロ酢酸}^{2-} + GTP^{4-} \longrightarrow PEP^{3-} + GDP^{3-} + CO_2$$
$$\Delta G^{\circ\prime} = -2.29 \text{ kJ mol}^{-1} \qquad (4.20)$$

解糖で PEP をピルビン酸にするときは ATP 1 分子を生産するだけだが，ピルビン酸を PEP に戻すには ATP 1 分子と GTP 1 分子が必要だ（図 1.5 で示したように，GTP は ATP と同格の高エネルギー化合物である．したがって ATP 2 分子を使うのと同じこと）．

　グルコース 6-リン酸（G6P）には，細胞内の還元反応に必要な NADPH と核酸合成に必要な **D-リボース 5-リン酸**（**R5P**）をつくる**ペントースリン酸経路**，および動物の貯蔵エネルギー源である**グリコーゲン代謝**に進む経路もある．

4.3　クエン酸サイクル

　グルコース 1 分子の完全酸化（反応 4.21）と，解糖で生じるピ

ルビン酸 2 分子の完全酸化（反応 4.22）の $\Delta G^{\circ\prime}$ を比べよう.

$$C_6H_{12}O_6 + 6\ O_2 \longrightarrow 6\ CO_2 + 6\ H_2O$$
$$\Delta G^{\circ\prime} = -2872\ \text{kJ mol}^{-1} \qquad (4.21)$$
$$2\ CH_3COCO_2{}^- + 2\ H^+ + 5\ O_2 \longrightarrow 6\ CO_2 + 4\ H_2O$$
$$\Delta G^{\circ\prime} = -2285\ \text{kJ mol}^{-1} \qquad (4.22)$$

グルコース 1 分子から ATP 2 分子を稼いだ後に残るピルビン酸 2 分子にはグルコース酸化の $\Delta G^{\circ\prime}$ の 80 % も保存されているから, ピルビン酸も酸化して多数の ATP を稼ぎたい. これを実行するのがクエン酸サイクルと酸化的リン酸化（§4.4）である. 解糖で生じる NADH 2 分子の酸化でも ATP を稼ぐ.

　ピルビン酸はミトコンドリアに移行し, **ピルビン酸デヒドロゲナーゼ複合体**という, 数十〜数百個のタンパク質からなる巨大酵素複合体によりアセチル–CoA + CO₂ を生じる（反応 4.23）.

$$CH_3COCO_2{}^- + NAD^+ + HS\text{–}CoA \longrightarrow$$

ピルビン酸　　　　　　　補酵素 A（CoA）

$$CH_3CO\text{–}S\text{–}CoA + CO_2 + NADH$$

アセチル–CoA

$$\Delta G^{\circ\prime} = -36.96\ \text{kJ mol}^{-1} \qquad (4.23)$$

補酵素 A（CoA） は SH（メルカプト）基をもち, アセチル基などのアシル基とチオエステル結合する. 反応式では CoA–SH または HS–CoA と略記し, 文中では CoA と書く. アセチル–CoA はチオエステルの一種で, 高エネルギー化合物である（表 1.2 を参照）.

　アセチル–CoA とオキサロ酢酸の縮合（図 4.6, ①）で生じるクエン酸が 4 回の二電子酸化で 2 CO₂ を発生してオキサロ酢酸を再生するから, アセチル基が 2 CO₂ に酸化されるのと同じである. その間

にGDPをGTP（ATPと同格）にリン酸化，3NAD⁺を3NADH＋3H⁺に，ミトコンドリア複合体のFADをFADH₂に還元する．この過程（図4.6）を**クエン酸サイクル**（citric acid cycle），**TCA**（tricarboxylic acid）**サイクル**，または**クレブズ**（Krebs）**サイクル**という．

　クエン酸サイクルの反応⑥コハク酸デヒドロゲナーゼで2Hを受け取るFADは酸化還元補酵素だが，NAD⁺と違い＞CH−CH＜を脱水素して二重結合をつくるなど，標準電極電位（表1.1参照）の比較的高い反応に関与することが多い．⑧リンゴ酸デヒドロゲナーゼはΔ*G*°′がプラスで大きいが，ミトコンドリアのNAD⁺/NADH比が大きいことと，生じたオキサロ酢酸が，次のΔ*G*°′がマイナスに大きい①クエン酸シンターゼの基質になるため，これに引っ張ら

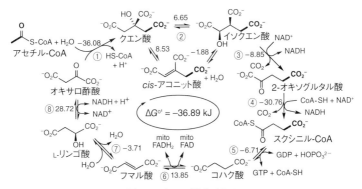

図4.6　クエン酸サイクル
出発分子アセチル–CoAのアセチル基（太字）はクエン酸分子の右側の（*pro–S*）–カルボキシメチル基（太字）になる．コハク酸は点対称分子なので太字の区別はなくなる．酵素：①クエン酸シンターゼ，②アコニターゼ，③イソクエン酸デヒドロゲナーゼ，④2–オキソグルタル酸デヒドロゲナーゼ，⑤スクニシル–CoAシンテターゼ，⑥コハク酸デヒドロゲナーゼ（mitoFADはミトコンドリア複合体Ⅱのの FAD），⑦フマラーゼ，⑧リンゴ酸デヒドロゲナーゼ．数字は各反応のΔ*G*°′（kJ mol⁻¹）．

れて進行する.

　クエン酸サイクルにアセチル–CoA を供給する経路には，ほかに**脂肪酸の β 酸化**がある．エネルギー供給が過剰ならアセチル–CoA を分解せず，逆にこれから脂肪酸を合成して**トリアシルグリセロール**として**脂肪細胞**に貯蔵し，食間のエネルギー源とする．なお脂肪酸にはエネルギー貯蔵や**生体膜形成**（§3.1）のほかにも重要な役割がある．リノール酸，リノレン酸，イコサペンタエン酸（EPA），ドコサヘキサエン酸（DHA）などヒトが合成できない**多不飽和脂肪酸**は必須栄養素で，欠乏は致死的である.

　アミノ酸は脱アミノなどの反応で**ケト酸**を生成（たとえばグルタミン酸から 2-オキソグルタル酸），そのまま，または数ステップの変化で糖代謝，β 酸化，またはクエン酸サイクルの中間体になる.

4.4　ミトコンドリア電子伝達系と酸化的リン酸化

　クエン酸サイクルを継続的に進行させるため，NAD^+ から生じる NADH，FAD から生じる $FADH_2$ を O_2 で酸化して NAD^+ と FAD に戻すのが**ミトコンドリア電子伝達系**，これに共役して多量の ATP を合成するのが**酸化的リン酸化**である．ミトコンドリアは**外膜，内膜**の二重膜構造で内部の**マトリックス**と**膜間部**に隔てられる．クエン酸サイクルと β 酸化はマトリックスで起こるが，電子伝達系は内膜にある．今までの代謝は物質変化が主であったが，電子伝達と酸化的リン酸化では水素イオン（プロトン，H^+）の内膜透過が主題になる．そこで**膜透過**の熱力学から始めよう.

　ミトコンドリア内膜の内外では pH と**膜電位**が異なる（§3.2, §3.7）．pH はマトリックス側（内側）が高く約 8，内外の pH 差（ΔpH，差＝out−in）は細胞の活動状況により変わり，−1.4 に達すること

もある．ある pH における H^+ のギブズエネルギー G_{H^+} は §1.2 と式 1.10, 式 1.11 より 298.15 K（25℃）で

$$G_{H^+} = G_{fH^+}^{\circ\prime} + RT \ln [H^+] = -5.708pH \quad （単位は kJ mol^{-1}）$$
（pH 0 における H^+ の標準生成ギブズエネルギー $G_{fH^+}^{\circ\prime} = 0$ より）

したがって，H^+ の膜内外の pH 差に基づくギブズエネルギー差は $-5.708 \Delta pH$．

膜電位は内膜の内側がマイナス，外側がプラス，その電位差（$\Delta\Psi$, out−in）は 0.15～0.20 V．プラス電荷をもつ H^+ の膜の内（マイナス電位）と外（プラス電位）の電位差に基づくギブズエネルギー差は $Z\mathfrak{F}\Delta\Psi$（Z はイオンの電荷，H^+ では $Z=1$，$\mathfrak{F}$ は §1.6 のファラデー定数，Ψ の単位は V），したがって膜内外の H^+ の ΔpH と $\Delta\Psi$ に基づくギブズエネルギー差は，25℃ では式 4.24 で表せる．

$$\Delta G_{fH^+}^{\circ\prime}(\text{out}-\text{in}) = -5.708 \Delta pH + Z\mathfrak{F}\Delta\Psi$$
$$= -5.708 \Delta pH + 96.485 \Delta\Psi \ \text{kJ mol}^{-1} \quad (4.24)$$

$\Delta pH = -0.8$, $\Delta\Psi = 0.16$ V ならば

$$\Delta G_{fH^+}^{\circ\prime} = -5.708 \times (-0.8) + 96.485 \times 0.16 = 20.0 \ \text{kJ mol}^{-1}$$
$$(4.25)$$

内膜外側の H^+ と内膜内側の H^+ のギブズエネルギー差を**プロトン駆動力**（proton motive force：pmf, 記号 $\Delta\mu H$）という．

ミトコンドリア内膜には複合体 I, II, III, IV という 4 種のタンパク質複合体があり，NADH や $FADH_2$ を O_2 で酸化して酸化型の NAD^+ と FAD に戻し，同時に H_2O をつくる．

複合体 I は**ユビキノン**（**CoQ**, 補酵素 **Q** ともいう）による NADH の酸化（反応 4.26）を触媒する（問題 1.4 参照）．

$$\text{NADH} + \text{H}^+ + \text{CoQ} \longrightarrow \text{NAD}^+ + \text{CoQH}_2$$
$$\Delta G^{\circ\prime} = -69.47 \text{ kJ mol}^{-1} \qquad (4.26)$$

哺乳類ミトコンドリアの複合体Ⅰは45サブユニットからなる分子質量 700 kDa の巨大複合体で **FMN**（フラビンモノヌクレオチド），**鉄硫黄クラスター**など多数の酸化還元中心をもつ．1分子の NADH の電子はこの複合体の酸化還元中心を通って1分子の CoQ を還元し，4 H$^+$をマトリックスから膜間部に汲み出す．複合体Ⅰによる NADH の再酸化（式4.26, $\Delta G^{\circ\prime} = -69.47 \text{ kJ mol}^{-1}$）と 4 H$^+$の汲み出し（式4.25, $4 \times 20.0 \text{ kJ mol}^{-1}$）を共役させるのは熱力学的に無理そうにみえるが，式4.26 は標準状態での計算値で，好気条件で CoQH$_2$ が O$_2$ で速やかに再酸化されれば式4.26 の ΔG はもっと負に大きくなる．H$^+$を低濃度のマトリックスから高濃度の膜間部に汲み出す仕掛けを**プロトンポンプ**といい，逆に高濃度側から低濃度側に H$^+$を流す通路を**プロトンチャネル**という．

FADH$_2$ は**複合体Ⅱ**を経て CoQ を CoQH$_2$ に還元する（反応4.27）．

$$\text{FADH}_2 + \text{CoQ} \longrightarrow \text{FAD} + \text{CoQH}_2 \qquad \Delta G^{\circ\prime} = -16.5 \text{ kJ mol}^{-1}$$
$$(4.27)$$

この複合体のサブユニットはクエン酸サイクルの反応⑥コハク酸デヒドロゲナーゼのことで，マトリックスから H$^+$は汲み出せない．

複合体Ⅲはシトクロム c（Cyt c, 分子中心のヘム鉄の Fe^{3+}/Fe^{2+} 酸化還元ではたらく）による CoQH$_2$ の酸化（反応4.28）を触媒する．

$$\text{CoQH}_2 + 2 \text{ Cyt } c\,(\text{Fe}^{3+}) \longrightarrow \text{CoQ} + 2 \text{ Cyt } c\,(\text{Fe}^{2+}) + 2 \text{ H}^+$$
$$\Delta G^{\circ\prime} = -36.6 \text{ kJ mol}^{-1} \qquad (4.28)$$

同時に$2H^+$をマトリックスから膜間部に汲み出す.反応で生じる$2H^+$も膜間部に放出される.このことを膜間部は2個の**ベクトリアルプロトン**(膜を通ってきたH^+)と2個の**スカラープロトン**(または**ケミカルプロトン**,化学反応に由来するH^+)を獲得したという.全部で膜間部のH^+は4個も増える.複合体IIIによる$2H^+$の汲出しも熱力学的にきつそうだが,次の複合体IVの大きな負の$\Delta G^{\circ\prime}$により引っ張られる.

複合体IVは還元型$\text{Cyt } c$のO_2による酸化(反応4.29)を触媒する.

--- コラム 2 ---

ミトコンドリアの起源

真核細胞のミトコンドリアはサイズが細菌と同じ,細胞内で分裂して増殖し,一部のタンパク質はミトコンドリア DNA にコードされる.このことから,ミトコンドリアは細菌が真核細胞の祖先に寄生してできたのではないかという漠然とした想像に科学的論拠を加え,**ミトコンドリアの内部共生説**に組み立てたのは Lynn Margulis である.はじめは相手にされず,現在でも反対論者はいるが,定説として認める人が多数派を占める.緑色植物の**葉緑体**も植物細胞に共生した**シアノバクテリア**の子孫だと思われている.

とすれば共生始めたころはミトコンドリアの全タンパク質をミトコンドリア DNA がコードしたはずだが,なぜ大部分の DNA を人質のように宿主細胞に差し出したのか? おそらく全 DNA をもち続ければ宿主細胞とは無関係な細胞分裂で大増殖し,宿主を殺してしまったであろう.

宿主細胞の核 DNA でコードされるミトコンドリアタンパク質を正しくミトコンドリアに送り届けるメカニズムの解明は最もホットなテーマの一つで,世

$$2\,\mathrm{Cyt}\,c\,(\mathrm{Fe^{2+}}) + \tfrac{1}{2}\mathrm{O_2} + 2\,\mathrm{H^+} \longrightarrow 2\,\mathrm{Cyt}\,c\,(\mathrm{Fe^{3+}}) + \mathrm{H_2O}$$
$$\Delta G^{\circ\prime} = -111.9\,\mathrm{kJ\,mol^{-1}} \qquad (4.29)$$

この反応は $\Delta G^{\circ\prime}$ の絶対値が大きく，2 Cyt c の酸化ごとに 2 H$^+$ をマトリックスから膜間部に汲み出し，O$_2$ の H$_2$O への還元に必要な 2 H$^+$ はマトリックスのものを使うからマトリックスでは合計 4 個の H$^+$（各 2 個のベクトリアルプロトンとスカラープロトン）が失われる．

　複合体I, III, IV 全部で $\Delta G^{\circ\prime} = -218.0\,\mathrm{kJ\,mol^{-1}}$，同時に膜間部は 10 個の H$^+$（8 個のベクトリアルプロトンと 2 個のスカラープロ

界中で熾烈な競争が繰り広げられている．筆者のひとり（T.E.）も競争のまっただ中にある．

　ミトコンドリア DNA がコードするタンパク質（ヒトでは 13 種）には，複合体Iの膜貫通コアの 7 個の大サブユニット，複合体IIIの膜貫通 14 本ヘリックス中の 8 本を占めるシトクロム b，複合体IVの 3 大サブユニット，後述 ATP シンターゼの膜貫通 a サブユニットがあり，重要なタンパク質ばかりだ．

　ミトコンドリアが共生したという宿主細胞の候補として**アーキア**（古細菌）説が有力だが，筆者のひとり（T.Y.）は懐疑的だ．真核細胞膜はL-グリセロール 3-リン酸の長鎖脂肪酸エステルを土台とし（§3.1），アーキア細胞膜はD-グリセロール 3-リン酸にポリイソプレン鎖がエーテル結合したものを土台とするまったく異なる分子だからである．ところで共生のメリットは数え切れないが，デメリットは何か？　自由に生きていた細菌が大きな細胞内に束縛されればエントロピーが減少，このデメリットは高温ほど顕著になる（$\Delta G = \Delta H - T\Delta S$）．細菌やアーキアには超高温で生きる**極限微生物**がいるが，超高温真核生物がいないのはこのためだろう．

トン）を獲得する．こうして NADH と FADH$_2$ の酸化が完結し酸素分子は水に還元される．FADH$_2$ の O$_2$ による再酸化では複合体 II，III，IV を経て $\Delta G^{\circ\prime} = -165.0\,\mathrm{kJ\,mol^{-1}}$，膜間部は6個の H$^+$ を獲得する．

[**問題 4.5**] O$_2$ によるミトコンドリア FADH$_2$（mitoFADH$_2$）酸化のギブズエネルギー変化 $\Delta G^{\circ\prime}$ を計算し，本節の記述との関連を考察せよ．

[**解**] mitoFAD $\longrightarrow$ mitoFADH$_2$ $\Delta\mathcal{E}^{\circ\prime} = -0.040\,\mathrm{V}$（表1.1）
$\quad\quad\frac{1}{2}\mathrm{O_2} + 2\,\mathrm{e^-} + 2\,\mathrm{H^+} \longrightarrow \mathrm{H_2O}$ $\Delta\mathcal{E}^{\circ\prime} = 0.815\,\mathrm{V}$（表1.1）
標準電極電位の低いほうが還元剤，高いほうが酸化剤だから，
$\quad\quad$ mitoFADH$_2$ + $\frac{1}{2}$O$_2$ $\longrightarrow$ mitoFAD + H$_2$O
$\quad\quad \Delta\mathcal{E}^{\circ\prime} = 0.815 - (-0.040) = 0.855\,\mathrm{V}$
$\quad\quad \Delta G^{\circ\prime} = -n\mathcal{F}\,\Delta\mathcal{E}^{\circ\prime} = -2 \times 96.485 \times 0.855 = -165.0\,\mathrm{kJ\,mol^{-1}}$
mitoFADH$_2$ の O$_2$ による酸化は反応 4.27，4.28，4.29 の和だから $\Delta G^{\circ\prime}$ $= -16.5 - 36.6 - 111.9 = -165.0\,\mathrm{kJ\,mol^{-1}}$ と一致する．

[**問題 4.6**] ミトコンドリアについて以下の問に答えよ．
(1) KCl と Ca^{2+} を含む緩衝液に懸濁したミトコンドリアについて，懸濁液中の（ミトコンドリア外の）Ca^{2+} 量を測定したところ，コハク酸を加えると Ca^{2+} 量が減少した．なぜか？
(2) Ca^{2+} 流入チャネルの阻害剤を加えてから，NaCl を加えると懸濁液中の Ca^{2+} 量が増加した．なぜか？
(3) Ca^{2+} の輸送系はミトコンドリア自身の機能にも影響を与える．たとえばミトコンドリア内部のクエン酸サイクルの諸酵素は Ca^{2+} によって活性化される．さて筋肉細胞では，神経刺激が到達すると筋小胞体から多量の Ca^{2+} がサイトゾルに放出され，これが引き金となって筋肉が収縮する．筋肉細胞の収縮にはサイトゾルの ATP 加水分解のエネルギーが使われる．このときミトコンドリアの Ca^{2+} 輸送系は，筋肉の収縮を助けるはたらきをするという．なぜか？

[**解**] (1) コハク酸は電子伝達系の基質なので，膜電位（外部がプラ

ス）が上昇し，Ca^{2+} のミトコンドリア内部への流入速度が増加した（問題 3.1 も参照）.

(2) 流入を阻害してサイトゾルの Na^+ 濃度を上げると，アンチポート（§3.5）で Ca^{2+} が流出する.

(3) サイトゾルの Ca^{2+} 濃度が上がると，ミトコンドリア内に Ca^{2+} が流入し，クエン酸サイクルが活性化，プロトン駆動力が増加し，ATP 合成が盛んになる．このことは筋肉の収縮に伴う ATP 消費を補う.

ここで O_2 が H_2O に還元されることの重要性を指摘しておこう．O_2 と H_2O の間には**スーパーオキシドイオン**（O_2^-），**過酸化水素**（H_2O_2）などの中間体があり，O_2 の酵素または非酵素還元で生じることがある（反応 4.30, 反応 4.31）.

$$O_2 + X^- \longrightarrow O_2^- + X \qquad \Delta G^{\circ\prime} < -79 \ \mathrm{kJ \ mol^{-1}} \qquad (4.30)$$

$$O_2 + FADH_2 \longrightarrow H_2O_2 + FAD$$
$$\Delta G^{\circ\prime} = -96.46 \ \mathrm{kJ \ mol^{-1}} \qquad (4.31)$$

反応 4.30 の X^-/X は標準電極電位が 0 V より低い一電子酸化還元対，おそらく鉄硫黄クラスターであろう．反応 4.31 の $FADH_2$ は細胞内に存在する遊離 $FADH_2$ である.

O_2 の中途半端な還元生成物は O_2 よりはるかに強い酸化力をもち，DNA，膜脂質ほかいろいろな分子を酸化，変質させる**酸化ストレス**の原因物質で，**活性酸素種**（reactive oxygen species：**ROS**）という．複合体 IV は ROS をつくらず O_2 を安全に四電子還元して H_2O にする．細胞内に O_2^- と H_2O_2 ができれば**スーパーオキシドジスムターゼ**（**SOD**, 反応 4.32）と**カタラーゼ**（反応 4.33）が分解する.

$$O_2^- + H^+ \longrightarrow \frac{1}{2} O_2 + \frac{1}{2} H_2O_2$$
$$\Delta G^{\circ\prime} = -55.1 \text{ kJ mol}^{-1} \qquad (4.32)$$

$$H_2O_2 \longrightarrow H_2O + \frac{1}{2} O_2 \qquad \Delta G^{\circ\prime} = -103.07 \text{ kJ mol}^{-1} \qquad (4.33)$$

O_2^- と H_2O_2 を分解しなければ，その酸化力による組織破壊に加え，最も凶暴な ROS の**ヒドロキシルラジカル**（HO·）を発生して細胞を破滅させる（HO· は O_2 から直接には生じない）．

$$H_2O_2 + O_2^- + H^+ \longrightarrow HO \cdot (\text{gas}) + O_2 + H_2O$$
$$\Delta G^{\circ\prime} \fallingdotseq -56.9 \text{ kJ mol}^{-1} \qquad (4.34)$$

[**参考**]　ある種の免疫細胞は O_2 の NADPH による還元で O_2^- をつくって侵入してきた細菌などを攻撃する．

　ミトコンドリアで NADH と $FADH_2$ が O_2 で酸化されるときのプロトンポンプ活動によるベクトリアルプロトンの獲得とスカラープロトンの発生で，膜間部では H^+ 濃度が高い．Peter Mitchell の**化学浸透説**によれば，この高濃度の H^+ がミトコンドリア内膜を通ってマトリックスに戻るときのエネルギーにより ADP＋Pi から ATP を合成する．これが**酸化的リン酸化**である（光合成における**光リン酸化**も同じ原理に基づくが，プロトンポンプをはたらかせるのは光エネルギーである）．

　ミトコンドリア内膜には **ATP シンターゼ**があり，膜に埋まった F_o サブユニットと，ここからぶら下がった球状の F_1 サブユニットからなる（図 4.7）．膜間部の H^+ が F_o サブユニットを通るとき F_1 サブユニットのコンホメーションが変化して ADP＋Pi → ATP の吸エルゴン反応 4.35 を駆動する．

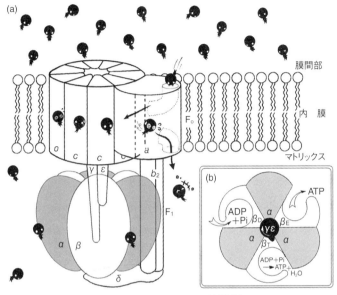

図 4.7 ATP シンターゼ（大腸菌）
(a) 膜間部の H^+（黒子）が内膜 F_o サブユニットの a サブユニットから c サブユニットのロータに飛び乗りこれを回わすと，$\gamma\varepsilon$ サブユニット（長短の棒）が F_1 サブユニットの $\alpha_3\beta_3$ 内部で回転，ロータの回転で出口に着いた H^+ はマトリックスに降りる．［図の © 豊嶋恭衣］
(b) F_1 サブユニットの $\alpha, \beta, \gamma, \varepsilon$ サブユニットを上から見た断面図．

$$ADP^{3-} + Pi^{2-} + H^+ \longrightarrow ATP^{4-} + H_2O$$
$$\Delta G^{\circ\prime} = 31.59 \text{ kJ mol}^{-1} \qquad (4.35)$$

単離した F_1 サブユニットは ATP 合成ではなく逆反応による ATP 加水分解を触媒するので，長い間 **F_1-ATPase** とよばれていた．

　大腸菌 F_o サブユニットでは，10 個の円筒状 c サブユニット（以前は 12 個と思われていた）を丸く配置したロータ（回転盤）が H^+

の移動に押されて時計回りに回る（図 4.7 a）．各 *c* サブユニットには 1 個ずつ H+ が乗っているが，空席のサブユニットが外側 *a* サブユニットの入口に着くと H+ が飛び乗り，出口に着いたサブユニットから H+ が飛び降りる．飛び乗った H+ が *c* サブユニットのコンホメーションを変えて固定された *a* サブユニットを押すと，*c* サブユニットのロータが（膜間部から見て）時計回りし，空っぽの *c* サブユニットが *a* サブユニットの入口に着いて新 H+ が飛び乗り，出口に着いた *c* サブユニットから H+ が飛び降りる．この繰返しでロータが回り続け，ロータから突き出た非対称の *γε* サブユニットも球状の F1 サブユニットの中央で一緒に回る．*b*2（*b* サブユニット二量体）と *δ* サブユニットは *γε* サブユニットが回るとき *αβ* サブユニットが一緒に回らないように支えるつっかえ棒である．

[**問題 4.7**]　図 4.7 の ATP シンターゼにおいて，H+（プロトン）が飛び乗る *c* サブユニットは 2 本の *a* ヘリックスが逆平行に並んだ細長いタンパク質（図 2.14 c の半分の形）である．この構造で，プロトンはどのアミノ酸側鎖に飛び乗ることができるか？　候補は 1 種に限定しなくてもよい．なおイオン化する側鎖をもつアミノ酸には Arg（側鎖の pK = 12.48），Asp（pK = 3.90），Cys（pK = 8.37），Glu（pK = 4.07），His（pK = 6.04），Lys（pK = 10.54），Tyr（pK = 10.07）がある．

[**解**]　ミトコンドリア膜間部の pH は内部のマトリックスより低い．したがってイオン化する側鎖をもつアミノ酸残基（Arg, Asp, Cys, Glu, His, Lys, Tyr）はすべて H+ を運べるはずだが，Arg, Cys, Lys, Tyr は中性付近で完全にプロトン化されているから，プロトンを受け取れない．His, Glu, Asp の側鎖は中性付近で脱プロトン形で存在するから，分子周辺のミクロ環境の影響で pK が 7 に近づけば（§2.2），中性付近でプロトンを着脱できる可能性がある．

[**参考**]　*c* サブユニットの X 線構造によれば，pH 変化により Asp 残基

がプロトンの授受によって分子のコンホメーションを変え，ロータの回転運動をひき起こすと推定されている．

　F_1 サブユニットは各3個の α，β サブユニットがミカンの袋のように並び，ATP 合成（逆反応は ATP 加水分解）活性は β サブユニットにあるが α なしでは不活性．この中心部にある非対称な $\gamma\varepsilon$ サブユニットの向きにより3個の β サブユニットはそれぞれ異なるコンホメーションをもつ．ある β サブユニットが ATP 生成コンホメーション（β_T）にあると（図4.7 b）その活性部位では ADP＋Pi の縮合で ATP を合成，そのとき左隣の β は ADP 結合コンホメーション（β_D）にあって ADP と Pi を取り込む．もう一つの β は空（empty）のコンホメーション（β_E）になり，合成した ATP をマトリックスに放出する．中心部の $\gamma\varepsilon$ サブユニットが時計回りに120°回転すれば β_T は β_E コンホメーションに変化して合成した ATP をマトリックスに放出，β_D は β_T コンホメーションに変化して ADP＋Pi から ATP を合成，β_E は β_D コンホメーションになって ADP＋Pi を結合，これを繰り返す．つまり膜間部からマトリックスへ H^+ が流入するときに $\gamma\varepsilon$ サブユニットを回し，この回転に伴う β サブユニットのコンホメーション変化で ATP を合成，1回転すれば3分子の ATP ができる．これが**結合変化機構**または**回転触媒機構**である．$\gamma\varepsilon$ サブユニットを360°回転させるのに c サブユニットの数（大腸菌と酵母では10個，動物では8個）の H^+ が膜間部からマトリックスに入る．このギブズエネルギー変化は式4.25の計算と同条件なら動物ミトコンドリアで $\Delta G^{\circ\prime}=8\times(-20.0)=-160\ \mathrm{kJ\ mol^{-1}}$ となる．ATP 合成の $\Delta G^{\circ\prime}=31.59\ \mathrm{kJ\ mol^{-1}}$ は標準状態の値で，細胞内で $[\mathrm{ATP}]/[\mathrm{ADP}]=10$（§4.2），$[\mathrm{Pi}]=0.004\ \mathrm{M}$ とすれば，式1.13より

$$\Delta G = 31.59 + RT \ln \frac{[\text{ATP}]}{[\text{ADP}][\text{Pi}]} = 31.59 + 5.708 \log \frac{10}{0.004}$$

$$= 31.59 + 19.40 = 50.99 \text{ kJ mol}^{-1}$$

3 ATP をつくるギブズエネルギー変化＝3×50.99＝約 153 kJ mol^{-1}
だから，8 H$^+$ が膜間部からマトリックスに戻るときのギブズエネ
ルギー変化 −160 kJ mol^{-1} で駆動できる．

　動物や酵母の場合，合成した ATP はミトコンドリアでも少しは
使われるが，多くはミトコンドリア内膜の **ATP/ADP トランスロ
ケータ**（ATP/ADP 交換輸送体，§3.5）により ADP との交換でサ
イトゾルに送られ，サイトゾル，細胞膜，その他のオルガネラで使
われる．Pi は H$^+$ とともに内膜の**リン酸キャリア**を通ってマトリッ
クスに入る．つまり ATP^{4-} と ADP^{3-}＋Pi^{2-}＋H$^+$ の交換なので，電
子伝達で汲み出した H$^+$ の 1 個は ATP と ADP＋Pi の交換に使われ
る（§1.5 で述べたように，細胞内条件でリン酸化合物のイオン価
数には端数がつく．ATP は中性で約−3.6 価だが ATP^{4-} と書く．
ADP，Pi も同様に整数値で表記する）．したがって動物細胞ミトコ
ンドリアで $\gamma \varepsilon$ サブユニットが 1 回転して 3 ATP をつくり，これを
サイトゾルに送り返すごとに 8 H$^+$＋3 H$^+$＝11 H$^+$ が膜間部からマト
リックスに戻る．

　ATP 合成における結合変化機構を提案したのは Paul Boyer，ATP
シンターゼの構造を決定し ATP 合成機構解明に大きく貢献したの
は John Walker だが，ガラス板に F$_1$ サブユニットを固定し，逆反
応による ATP 加水分解で F$_\text{o}$ サブユニットが反時計回りすること
を蛍光顕微鏡で **1 分子観察**し，さらに F$_\text{o}$ サブユニットを力ずくで
時計回りに回転させて ATP の合成を証明したのは吉田賢右
（Masasuke Yoshida），木下一彦（Kazuhiko Kinosita）のグループで
ある．どんな実験か？　§6.10 でも説明するが，生化学 **71**，34–50

（1991），同 **77**，42-45（2005）にもわかりやすくて面白い解説記事があり，オリジナル論文を読むうえでも参考になる．なお ATP 合成の逆反応（ATP 加水分解）で 3 個の β サブユニットが代わるがわるコンホメーションを変えるのと $\gamma\epsilon$ サブユニットの回転は機械的につながっていると思われていたが，**高速原子間力顕微鏡（高速 AFM，§6.11）**を駆使して $\gamma\epsilon$ サブユニットなしの $\alpha_3\beta_3$ だけで ATP 加水分解に伴うコンホメーション変化の単分子観察が報告された［Uchihashi, T. *et al*., *Science* **333**，755-758（2011）］．この論文では ATP 合成における $\gamma\epsilon$ サブユニットの重要性を否定はしないが，その役割は機械的つながりだけで説明できるような単純なものではない．AFM は電子顕微鏡と異なり，試料を乾燥せずに分子の動きを観察できるので，生命科学の重要な観測手段になった．

　体重 50 kg の女子学生が 1880 kcal d^{-1}（d＝day，1 kcal＝4.184 kJ）の栄養素（糖質＋タンパク質 335 g，脂質 60 g，糖質とタンパク質は分解経路は違うが，重量あたりの ATP 生産量はほぼ同じ）を摂取すれば，体内で合成される ATP は約 100 mol d^{-1}，毎日ほぼ体重なみの ATP を合成している．しかし体内の ATP 総量は 0.1 mol 以下である．したがって ATP 1 分子の代謝回転数は平均 1000 回 d^{-1} 以上になる．

［**問題 4.8**］　酸素 1 原子の還元に共役してつくられる ATP の分子数を **P/O 比**という．
　（1）NADH を基質とするときの P/O 比を，酵母酵素について，サイトゾルの ADP と Pi がミトコンドリアに取り込まれ ATP になってサイトゾルに戻るとして計算せよ．
　（2）FADH$_2$ を基質とするときの P/O 比も計算せよ．
［**解**］　（1）F$_1$F$_o$-ATP シンターゼの F$_o$ の 1 回転で 3 ATP を合成するには F$_o$ の *c* サブユニットの数と同数の H$^+$，つまり酵母酵素では

3 ADP＋10 H$^+$必要．ミトコンドリアで合成した ATP とサイトゾル
の ADP＋Pi の交換のとき 1 H$^+$も取り込まれるから，3 ATP の生産
には 3 H$^+$の取込みが伴い，合計 13 H$^+$必要である．NADH の電子
がミトコンドリアの複合体 I, III, IV を経て $\frac{1}{2}$O$_2$ を還元するまで
に 10 H$^+$を汲み出すから，P/O 比＝3×10/13＝2.3.

(2) FADH$_2$ による $\frac{1}{2}$O$_2$ の還元では 6 H$^+$を汲み出すので，P/O 比＝
3×6/13＝1.4.

[**参考**]　教科書では NADH からの P/O 比＝3，FADH$_2$ からの P/O 比＝2
の記述が 1940 年代から 50 年以上も続いたが，その間に発表された
論文の NADH からの P/O 比実験値はほとんど 2 と 3 の間にある．
NADH から O$_2$ への電子伝達は複合体 I, III, IV を通る．以前は各複
合体でつくられる ATP が 1 個以下の端数になるはずはないと思われ，
NADH から O$_2$ まで 3 複合体の電子伝達で生じる ATP が 3 以下の端
数になるのは実験の不手際のためと思われた．酸化的リン酸化にお
ける化学浸透説が浸透し，P/O 比は端数でもよいと指摘した Peter
Hinkle の考えが教科書に載るのは 1995 年以降である．

第5章

遺伝とタンパク質の生涯

　第2章で述べたように，タンパク質は生命活動を支える主役分子だが子孫に自分のコピーを残せない．Gregor Mendel が遺伝の法則を発見し，遺伝形質がある因子によって子孫に伝えられると発表（1865），Oswald Avery らは非病原性の肺炎双球菌を病原性に転換させ子孫に遺伝させる**形質転換因子**がDNAであると発表（1944），Alfred Hershey と Martha Chase は**T2 ファージ**（タンパク質の殻にDNAの入った粒子）が大腸菌にとりついて DNA だけを注入すると大腸菌がファージのタンパク質と DNA を合成し始め多数のファージ粒子を生産することを発見（1952）．こうして DNA が**遺伝子**（gene）を構成する分子であり，タンパク質は DNA の指図でつくられることがわかった．James Watson と Francis Crick は DNA の**二重らせん**構造を提案（1953），DNA 分子が遺伝子として複製可能な構造であると示唆した．Crick の**セントラルドグマ**（central dogma）によれば，DNA は自己の**複製**（replication）と RNA への**転写**（transcription）を指令し，RNA がタンパク質への**翻訳**（translation）を指図する．その後，RNA 複製と RNA から DNA への**逆転写**が発見されてドグマは修正を余儀なくされたが，タンパク質からの DNA や RNA への逆翻訳は見つかっていない．この章ではセントラルドグマで規定されたプロセスを通し，遺伝とタンパク質の生涯を眺めよう．

5.1　DNA 情報の保存と伝達：複製と DNA ポリメラーゼ

　DNA では塩基**アデニン**（A）と**チミン**（T）が 2 組の水素結合で対合，**グアニン**（G）と**シトシン**（C）が 3 組の水素結合で対合する（図 5.1）．そこで A と T，G と C を互いに**相補塩基**という．なお Watson と Crick の論文 *Nature* **171**, 964–967（1953）では G：C 対も水素結合が 2 組しか書いてないところが面白い．これらの塩基対は**スタッキング**（積層）し，その両側をポリ(2′-デオキシリボースリン酸) 鎖の二重らせんが取り囲む（図 5.1）．2′-デオキシリボース残基を繋ぐリン酸基は糖の 3′,5′-位にホスホジエステル結合する．一方の鎖（図 5.1 a の上）が 3′←5′鎖なら，もう一方（下）は 5′→3′鎖と逆向きである．なお，DNA やデオキシヌクレオチドでは，プリン塩基（アデニンとグアニン）がデオキシリボース五員環の外を向くコンホメーションと，ピリミジン塩基（チミンとシトシン）の 2 位ケトン（オキソ基）が五員環の外を向くコンホメーション（図 5.1 a, b）を**アンチ**（*anti*）**形**といい，プリン塩基，ピリミジン塩基が五員環の上でアンチ形から反転したコンホメーション（図 5.1 c）を**シン**（*syn*）**形**という．DNA でもヌクレオチドでもアンチ形が圧倒的に安定だが，プリン塩基とピリミジン塩基が交互に並ぶ配列の DNA は特殊な環境でプリン塩基だけがシン形となって左巻きらせん構造をとることがあり，これを Z–DNA という（ふつう DNA は図 5.1 b の右巻きらせん B–DNA 構造である．図示しないが A–DNA という右巻きらせん構造もある）．

　図 5.1 a は **DNA ポリメラーゼ**(大腸菌の Pol III，真核生物の Pol δ など）による合成中の DNA で，上側の 3′←5′鎖は**鋳型鎖**，下側の 5′→3′ 鎖が合成途上の**娘鎖**で，…ACT まで合成が進んだところである（娘鎖の 3′末端にヌクレオチドを繋いで DNA 合成が進むので，

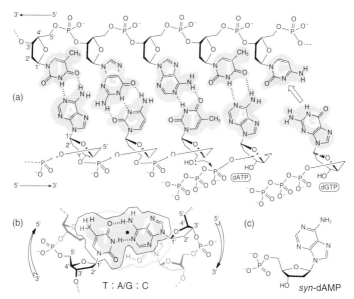

図 5.1　二本鎖 DNA の相補塩基対と DNA ポリメラーゼによる DNA 複製
（a）二本鎖 DNA の左側から T：A，G：C，A：T の 3 組の相補塩基対がある．
鋳型鎖（3′←5′鎖）の 4 番目の T と dATP の A が塩基対合すると DNA ポリメ
ラーゼの作用でプライマー鎖（5′→3′鎖）の末端 3′-OH の非共有電子対が
dATP の α リン原子を求核攻撃してエステル結合をつくり DNA 鎖を延ばす．
プライマー鎖の延長で完成した新生鎖（下側）が娘鎖である．
（b）（a）の左から 2 組（T：A と G：C）の塩基対のスタッキング（積層）を
示す．DNA 二重らせん構造の 1/5 巻きに相当．グレー部分が上下の塩基対
の積層部分，中央の黒点は二重らせんの軸．図の上側は DNA 二重らせんの
広い溝（主溝）に面し，下側は狭い溝（副溝）に面する．（a）では 5′→3′鎖
の不自然に見えるホスホジエステル結合も（b）のように無理のない形であ
る．
（c）シン形デオキシヌクレオチドの例．

合成中の娘鎖はプライマー鎖でもある）．ここで鋳型鎖の次の塩基
T に相補的な A をもつ dATP が塩基対合すると，直前の 3′-OH の

非共有電子対（lone pair，孤立電子対）が dATP の αP 原子を求核攻撃してピロリン酸（PPi）を遊離しホスホジエステル結合をつくって DNA プライマー鎖を1塩基延ばす（反応 5.1）．

$$\text{DNA}_n + \text{dNTP}^{4-} \longrightarrow \text{DNA}_{n+1} + \text{PPi}^{3-} \quad (\Delta G^{\circ\prime}\text{：後述}) \quad (5.1)$$

DNA_n は鎖長 n 個の DNA で，この記号に全負電荷を含む．鎖長が1個延びれば負電荷が1増えるから DNA_{n+1} と示す．生じた PPi は**無機ピロホスファターゼ**により加水分解される（反応 5.2，表 1.2）．

$$\text{PPi}^{3-} + \text{H}_2\text{O} \longrightarrow 2\,\text{HOPO}_3{}^{2-} + \text{H}^+$$
$$\Delta G^{\circ\prime} = -20.25 \text{ kJ mol}^{-1} \quad (5.2)$$

次は鋳型鎖の C に相補的な G をもつ dGTP がきて $5'{\rightarrow}3'$ 鎖（プライマー鎖）に塩基 G がつく．これを繰り返して DNA 二本鎖ができる．

　DNA は塩基配列という一次元の文字配列で情報を保存，伝達する点で言語と同じだが**冗長度**（redundancy）が小さい．英文は冗長度が大きく，See you at schoot tomarrow. というメールがくれば2箇所の間違いを頭の中で訂正し，翌日は無事に学校で会える．1字違いで意味が変わる例もあるが，たいていの小さいミスでは元の文章を推定できる．これに対し冗長度の小さい DNA 配列では1文字の間違いが致命的になる危険もあり，複製に関わる Pol にはミスゼロに近い正確さが要求される．

　Pol が DNA 鎖を延長するとき，鋳型鎖の塩基と**ワトソン・クリック塩基対**をつくる塩基をもつ dNTP（正しい dNTP）でなく，間違った dNTP と反応してプライマー鎖を延ばしてしまったらどうするか？　Pol I, Pol III, Pol δ にはプライマー鎖の延長活性のほか $3'{\rightarrow}5'$エキソヌクレアーゼ活性がある（単量体の Pol I ではポリメ

ラーゼ活性とは別な部位に，多量体のPol IIIではポリメラーゼ活性をもつ α サブユニットとは別の $\varepsilon\theta$ サブユニットにある）．Polが間違った塩基を繋ぐと $3'{\rightarrow}5'$ エキソヌクレアーゼがはたらいて間違い塩基を加水分解してはずす．これを**校正**（proof-reading）という．

Polに校正機能がなければ複製の**忠実度**（fidelity）はどの程度か？　反応5.1で正しいdNTPがくれば $\Delta G^{\circ\prime}$ は $-26\sim-18\,\mathrm{kJ\,mol^{-1}}$，平均 $-21.8\,\mathrm{kJ\,mol^{-1}}$，間違いdNTPがくれば $\Delta G^{\circ\prime}$ は $-6\sim6\,\mathrm{kJ\,mol^{-1}}$，平均 $0.5\,\mathrm{kJ\,mol^{-1}}$，この差（ $\Delta\Delta G^{\circ\prime}=22.3\,\mathrm{kJ\,mol^{-1}}$ ）から，1回の延長ステップごとに平衡を待って反応が進むとして，式1.16で間違い率を計算すれば平均 1.24×10^{-4} となり，Pol（触媒）の種類には関係しないはずだ．しかし細胞中ではPPiの加水分解（反応5.2）で鎖延長（反応5.1）を完結させ，平衡を待たずに次のステップに進むから，間違い率は速度論的に決まり，Polの種類や起源により異なる．あるPolでは，T：G対，A：C対，A：A対をつくる間違い率は 10^{-4} の桁，C：C対を生じる率は 10^{-6} 以下で，他の間違い率はこの中間にある．

WatsonとCrickは塩基の不安定な互変異性体が塩基対をつくって変異が誘発される可能性を指摘した．たとえばTがエノール化すればGと対合してT：G塩基対を生じる（図5.2 a）．しかしTの［エノール形］／［ケト形］比は小さすぎて（ 10^{-6} 以下）正確に測定する手段はないから，ケモインフォマティクス，つまりコンピュータを駆使した量子化学計算で推定する．原子や分子の挙動やエネルギーを知るには**シュレーディンガー方程式**を解けばよいが，正確に解けるのは水素原子のときだけで，他の原子や分子では近似式で求めるしかない．精度とコスト（計算時間など）の兼ね合いで**分子軌道**（molecular orbital：**MO**）**法**，**密度汎関数法**（density functional theory：**DFT**）などが使われ，分子軌道，エネルギー，電子密度，

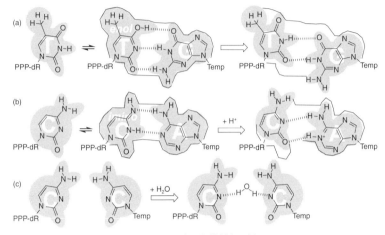

図 5.2　間違い塩基対合の例

PPP–dR：デオキシリボース三リン酸，Temp：鋳型鎖(template).
（a）T：G塩基対：Tがエノール化してGと塩基対合し，エノール形がケト形に戻ると塩基対は少し位置をずらして水素結合をつくり直す.
（b）C：A塩基対：Cがイミノ化してAと塩基対合し，イミノ形がアミノ形に戻ると塩基対は少し位置をずらして水素結合をつくり直す.
（c）C：C塩基対：遠すぎて水素結合できないが，間に水分子を取り込めば H_2O を介した水素結合をつくる.

　電荷，双極子モーメントなどが計算される．パソコンにダウンロードして使えるプログラムには，有償の Gaussian，無償の GAMESS など数種類がある.

　Tのエノール化の $\Delta G^{\circ\prime}$ は，計算プログラムにもよるが50 kJ mol^{-1}程度，これより平衡時の $[enol\text{-}T]/[T] < 10^{-8}$（式1.16）．したがって校正機能がないときの間違い率（10^{-4} の桁）を説明できるほどエノール化率は高くない．Pol は活性部位にある鋳型鎖の塩基 G と塩基対合できるような $enol$-dTTP を選んで活性部位に連れ込むのではなく，たまたま活性部位に入ってきた dTTP が G と対面し

てエノール化するとワトソン・クリック型塩基対ができる．この塩基対では水素結合1つで約25 kJ mol^{-1}も安定化する．つまり不安定なエノールが水素結合で安定化するのだ．*enol*-T：G塩基対の生成頻度が高いのはこのためだ．図5.2には他の間違い塩基対も示す．

[**注意**] ここで述べたのは水素結合形成による安定化のギブズエネルギー変化（$\Delta G^{\circ\prime}$）の絶対値で，結合エネルギーではない．結合エネルギーは結合を切り離す反応のエンタルピー変化（$\Delta H^{\circ\prime}$）と定義されている．

　できてしまった間違い塩基対の3′-OHに正しいdNTPをつけてDNA鎖を延ばす反応は，正しい塩基対からの鎖延長に比べ触媒効率が10^{-5}と低い．このように間違い塩基対からの鎖延長には時間がかかるから，校正機能をもつPolであればその間に3′→5′エキソヌクレアーゼの活性部位につかまって取り除かれる確率が高い（だから正しい塩基対でも次の塩基がつくのに時間がかかれば無駄に切られることもある）．こうして本来の忠実度より驚異的に高い忠実度（5×10^{-9}という低い間違い率）を維持する．DNA合成後に残る間違いには遺伝子の**品質管理**（quality control）機構がはたらき，最終的な間違い頻度は10^{-9}～10^{-10}になる．こうして親細胞のDNAは驚異的な忠実度をもって複製され，2匹の娘細胞に受け継がれる．

　ヒト（遺伝子は3×10^{9}塩基対の2倍体）の場合，1回の複製における間違いは6塩基以下だが，受精卵から成人（細胞数：37兆個）になって死ぬまでの間違いは相当な数になる．しかし子孫に遺伝するのは生殖細胞に導入された間違いだけである．なおDNAは複製のとき以外にも非酵素加水分解などで塩基がはずれ，修復ミスで塩基配列が変わることがある．

[問題 5.1] 亜硝酸 HNO₂ は核酸塩基のアミノ基をヒドロキシ基に酸化する. 亜硝酸による変異誘発のメカニズムは?

[解] デオキシアデノシンの−NH₂ が−OH に酸化されれば *enol*−デオキシイノシンを経て安定なケト形のデオキシイノシンに変わり, その塩基（ヒポキサンチン）はグアニンに似た構造で, チミンとは塩基対合できずシトシンと塩基対合するようになる. そこで Pol による複製で塩基配列の異なる DNA を生じ, 変異が誘発される.

デオキシアデノシン   *enol*-デオキシイノシン   デオキシイノシン

同様に, デオキシシトシンの−NH₂ が−OH に酸化されれば *enol*−デオキシウリジンを経て安定なケト形のデオキウリジンに変わり, グアニンとは塩基対合できずアデニンと塩基対合する.

[参考] デオキシシトシンの−NH₂ は, 酸化のほか加水分解でもデオキシウリジンに変わり, 変異を誘発する. 加水分解の速度定数は DNA の状態（二重らせんの中か, 複製または転写中で他の細胞成分や水溶液成分と接しているか）により変動するが, $10^{-12}\,\mathrm{s}^{-1}$ 前後である. シトシン塩基のウラシル化による変異を防ぐため, 細胞にはデオキシウリジンを除去しデオキシシトシンに戻すメカニズムがある.

[問題 5.2] ジメチル硫酸 (DMS), *N*−メチル−*N′*−ニトロ−*N*−ニトロソグアニジン (MNNG) などのメチル化剤は核酸塩基のカルボニル基を *O*−メチル化することで変異を誘発する. そのメカニズムは?

[解] デオキシグアノシンの 6-位の *O*−メチル化でエノール形と同じ形がメチル基で固定され, シトシンともチミンとも塩基対合できるようになるので変異を誘発する.

デオキシグアノシン   DMS   6-*O*-メチルデオキシグアノシン

[**問題5.3**] 西村 暹（Susumu Nishimura）はDNAのグアニン塩基（G）が活性酸素種（ROS，§4.4）により8-ヒドロキシグアニンに酸化され，互変異性化で8-オキソ形（oxoG）になることを発見した.

oxoGは本来の相補塩基Cのほかかあとも塩基対合し，oxoG：A対が生じれば，細胞分裂で一方の娘細胞はG：CでなくT：A塩基対をもつような変異を起こす. oxoGがAともCとも塩基対合できるメカニズムを推定せよ.

[**解**] グアニン塩基の外に出っ張った8-オキソ基のため，Gが通常のアンチ形で塩基対合しても，反転してシン形で塩基対合しても，ギブズエネルギーに大差ない. アンチ形は通常のGと同様にdCTPと塩基対合するが，シン形はdATPと塩基対合する.

5.2　転写と翻訳：タンパク質の誕生

転写（transcription）はDNAの情報を発現する第一歩で，DNAの塩基配列に相補的なRNAを合成する. 転写を触媒する **RNA ポリメラーゼ**（**RNAP**）はDNA全長ではなく，**プロモーター**（promoter）という配列の下流（3′側）の決められた位置から転写を始め，必要な長さだけ転写する. RNAには**リボソーム RNA**（rRNA），**メッセンジャー RNA**（mRNA），**転移 RNA**（トランス

ファー RNA，**tRNA**）のほか，機能不明のものも含め多種類ある．
大腸菌では 1 種の RNAP が全 RNA を合成するが，真核生物では
RNAP I が rRNA を，RNAP II が mRNA を，RNAP III が tRNA と 他
の短い RNA を合成する．

　タンパク質合成の場である**リボソーム**は **rRNA** と多数のタンパク
質からなる複雑で巨大な構造体で，語尾は -some だが膜構造がな
いからオルガネラとはよばない（以前はリボソームや核小体，細
胞骨格などもオルガネラに含めたこともあるが，今日では膜で囲ま
れた小器官だけをオルガネラとよぶのが普通である）．70S リボ
ソームとか 50S サブユニットというときの S は**沈降係数**のスベド
ベリ単位で S＝10^{-13} s と定義され，超遠心機の開発に貢献した The
Svedberg（The は名前）に因む．リボソームや DNA，RNA の大き
さは S で表すことが多い（§6.3）．

　沈降係数 s（イタリック体の s）は式 5.3 で与えられる．

$$s = \frac{dr/dt}{\omega^2 r} \tag{5.3}$$

r は回転軸からの距離（cm），dr/dt は沈降速度（cm s^{-1}），ω は角
速度（radian s^{-1}），t は時間（s）．質量 m（g）の分子は密度 ρ（g
mL^{-1}）の溶液中で遠心力（$m\omega^2 r$）から浮力（$\bar{v}\rho m\omega^2 r$）を引いた
力 F（g cm s^{-2}）を受けて沈降する（式 5.4）．$\bar{v}$（mL g^{-1}）は部分
比容（偏比容，§1.3）である．

$$F = m\omega^2 r - \bar{v}\rho m\omega^2 r = m\omega^2 r(1 - \bar{v}\rho) \tag{5.4}$$

この力により速度 dr/dt で沈降すると，沈降速度に比例する摩擦力
が妨害し，沈降力（式 5.4）と摩擦力（$f\,dr/dt$）が釣り合うまで加速
する（式 5.5）．

$$m\omega^2 r(1-\bar{v}\rho)=f\frac{\mathrm{d}r}{\mathrm{d}t} \tag{5.5}$$

ここで摩擦係数 $f(\mathrm{g\,s^{-1}})$ は分子の拡散係数 D から求められ，分子が球形から逸脱するほど，分子が水和するほど，または分子表面が粗いほど大きい．式5.3と式5.5から沈降係数 s と分子量 M_r の関係（式5.6）が導ける（N_A はアボガドロ定数，$6.022\times10^{23}\,\mathrm{mol^{-1}}$）.

$$s=\frac{\mathrm{d}r/\mathrm{d}t}{\omega^2 r}=\frac{m}{f}(1-\bar{v}\rho)=\frac{M_r(1-\bar{v}\rho)}{N_A f} \tag{5.6}$$

　遠心機と光学系を組み合わせた分析用超遠心機で沈降速度 $\mathrm{d}r/\mathrm{d}t$ を測定，ω と r は設定値なので沈降係数 s が計算される．$\bar{v}$ は各タンパク質に固有の値で0.70〜0.75，平均0.728と変動幅は小さそうに見えるが，$1-\bar{v}\rho$ を計算すると意外とタンパク質による差が大きい．DNAとRNAの $\bar{v}$ は対イオン(Na^+，K^+など)にもよるが0.55〜0.57である．表5.1にリボソームの沈降係数（スベドベリ単位）と粒子質量（構成成分の分子質量の和）を載せる．

　リボソームで行われる**翻訳**（translation）とはタンパク合成のことで，mRNAの塩基配列という情報(言語)がタンパク質のアミノ酸配列という言語に変換される．まずmRNAがリボソームに結合

表5.1　原核細胞（大腸菌）と真核細胞（ラット肝）のリボソームとそのサブユニット

	大　腸　菌*			ラ　ッ　ト　肝		
	リボソーム	サブユニット		リボソーム	サブユニット	
沈降係数/S	70	50	30	80	60	40
粒子質量/kDa	2520	1590	930	4220	2820	1400

＊大腸菌1匹は約20,000個の70Sリボソームをもつ．

しその塩基配列の**コドン**（codon）という三連塩基単位に1アミノ酸を割り当てて繋いでいく．たとえばUCAならセリン，AACならアスパラギンと，4^3＝64種のコドンの61種までが20種の標準アミノ酸のどれかに対応し，残り3種は後述の終止コドンで，タンパク合成打止めの合図になる．アミノ酸（AA）はそのアミノ酸専用のtRNAに乗った**アミノアシル-tRNA**（AA–tRNA^{AA}）というかたちで供給される．たとえばチロシン（Tyr）ならtRNA^{Tyr}（チロシン用tRNA）と結合し（反応5.7），Tyr–tRNA^{Tyr}のかたちでリボソームに供給される．tRNA^{Tyr}はチロシンのコドン（UAUとUAC）に相補的なアンチコドンという配列をもち，mRNAのチロシンのコドンと塩基対合できる構造をもつ．あるアミノ酸が他のアミノ酸用のtRNAに乗らないよう，真核生物では20種の標準アミノ酸のそれぞれに専用の**アミノアシル-tRNA シンテターゼ**（aaRS）が用意されている（原核生物には例外もある）．

$$\text{Tyr} + \text{tRNA}^{Tyr} + \text{ATP} \rightleftharpoons \text{Tyr–tRNA}^{Tyr} + \text{AMP} + \text{PPi} \qquad (5.7)$$
（PPiは無機ピロホスファターゼで加水分解される，反応5.2）

mRNAのコドンに順々にAA–tRNA^{AA}のアンチコドンが塩基対合し（コドンの第1，第2塩基とアンチコドンの塩基対合は厳密だが，第3塩基とはあいまいなことがある），アミノ酸をペプチド結合で繋いでいく，という仕掛けは真核細胞も原核細胞も共通だ．

　tRNAはタンパク質を構成する20種の標準アミノ酸用とタンパク合成開始点用を合わせた21種類が最低必要数で，ふつうその数倍種類あり，分子の形は真核も原核も似ているが，ミトコンドリアのtRNAにはデフォルメした形のものがある．なおタンパク合成開始点は，真核生物とアーキアではタンパク質内部のメチオニン（Met）と同じMetだが，細菌，ミトコンドリアと葉緑体ではN-ホ

ルミルメチオニン(fMet) で，コドンはどちらも AUG である．な
お，非天然アミノ酸や非標準アミノ酸を認識する aaRS を設計，合
成して生物界に存在しない特殊なタンパク質を製造する試みも活発
に行われている（コラム 3）．

　タンパク合成の設計図となる **mRNA** は真核生物と原核生物で大
きく異なる．真核細胞の mRNA は，三浦謹一郎(Kin-ichiro Miura)
らが発見した**キャッピング**，つまり mRNA の頭 (5′末端) に三リン
酸基を介して 7-メチルグアノシンの帽子（キャップ，cap）をかぶ
せる（結合させる）ことと，**テーリング**（3′末端にポリ A の尻尾を
繋ぐ），**スプライシング**（キャップとテールのついた mRNA から**イ
ントロン**という RNA 配列を切り取って，その両端にある**エキソン**
という配列を繋ぎ直す），という 3 大修飾を受ける．切り出される
イントロンは mRNA に残るエキソンの数倍の長さ，10 倍以上も珍
しくないから，スプライシング後の mRNA は合成直後の核内
mRNA 前駆体 (**核内不均一 RNA：hnRNA**)よりずっと短い．多細胞
生物では器官（臓器）により異なるスプライングを受け，同じ
hnRNA から異なる mRNA ができることがあり，これを**選択的スプ
ライシング**，その翻訳でつくられるタンパク質どうしを互いに**スプ
ライス変異体** (splice variant) という．

　真核リボソームに mRNA が結合すると，たいていはキャップに
近い**開始コドン** (AUG) からタンパク合成が始まり，tRNA に乗っ
てきたアミノ酸はコドンの指定どおりに，$1 \sim 10$ 残基 s^{-1} の速度で
繋がる．tRNA に乗ったアミノアシル基はすでに活性化されている
にもかかわらず，ペプチド結合 1 個の形成には 2 分子の GTP が要
る．1 分子は AA-tRNA が mRNA の正しいコドンに載ったことを保
証するために加水分解される．次に，正しいコドンに載った AA-
tRNA がリボソーム内をトランスロケーション（移動）し，次のコ

ドンに対応する新アミノ酸（AA′）を載せた AA′-tRNA を迎えられ
るようにするためもう 1 分子の GTP が加水分解される．リボソー
ムが mRNA の**終止コドン**（UAA，UAG または UGA）までくると合
成したポリペプチドを tRNA から切り離してリボソームから放出す
るところで 1 GTP を使う．完成したタンパク質は，そのままサイ

┤コラム3├

遺伝暗号表を変える

　遺伝情報をタンパク質のアミノ酸配列に変換する鍵を握るのは遺伝暗号表だ
が，実際に細胞内で遺伝暗号表に従って mRNA のコドンとアミノ酸の対応づ
けを実行している分子は何だろうか？　コドンをアンチコドンで認識し，アン
チコドンに対応するアミノ酸をリボソームに運ぶのは tRNA だが，tRNA 自身
がアンチコドンに対応するアミノ酸を識別するわけではない．tRNA とアミノ
酸の両方を正確に識別し，アンチコドンに対応するアミノ酸を tRNA に付加す
る酵素，アミノアシル-tRNA シンテターゼ（aaRS）が遺伝暗号表の実行者で
ある．

　細胞は通常，20 種のアミノ酸に対して少なくとも 1 種ずつの aaRS をもつ．
aaRS は 20 種のアミノ酸のなかから特定のアミノ酸のみを識別し，これと ATP
を反応させてアミノアシル-AMP を生じ，活性化させる．次に対応するアンチ
コドンをもつ tRNA を識別し，アミノアシル-AMP と反応させてアミノアシル-
tRNA を生じる．tRNA の識別においては，aaRS は特定のアンチコドンをもつ
tRNA のさまざまな特徴を調べて（アンチコドンを認識しない場合もある），
対応する tRNA を識別する．以上のプロセスはリボソーム上での mRNA と
tRNA のアンチコドンの対合とともに翻訳の精度を決める鍵となる反応である．
逆にいえば，aaRS を改変して認識する tRNA とアミノ酸の組合せを人為的に
変えることができれば，遺伝暗号表を改変することが可能となる．Peter
Schultz は aaRS を改変することで，生細胞中で 20 種類の天然アミノ酸以外の

トゾルではたらくか，ミトコンドリア，その他の勤務地（核，小胞体，ペルオキシソーム，細胞膜，そして細胞外，たとえば血液）に届けられるかなど，その運命は多様である．リボソームで合成中，または合成後にポリペプチド鎖の特定部位で加水分解，酸化，その他の化学修飾を受けるとか，糖鎖，脂肪酸，補酵素などと共有結合

非天然アミノ酸を標的タンパク質の特定の部位に組み込む方法を確立した．

　非天然アミノ酸の導入のためのコドンとしては，使用頻度が低い終止コドンの一種，アンバーコドンとよばれる UAG を使うことが多い．さまざまな生物で，アンバーコドンに対応するアンチコドンをもつサプレッサー tRNA の存在が知られている．細胞にとってサプレッサー tRNA は通常は有害無益だが，生存に必須の遺伝子が変異して終止コドンが生じた場合には，この遺伝子がコードするタンパク質中の終止コドンに対応する位置に何らかのアミノ酸を導入できるので，生き残りに役立つ．Schultz らは酵母細胞内に大腸菌のアンバーサプレッサー tRNA とこれにチロシンをチャージする aaRS（TyrRS）の遺伝子を導入した．そして，この TyrRS のアミノ酸結合部位周辺のアミノ酸をランダムに置換し，特定の非天然アミノ酸を認識するように変化した aaRS を選別した．こうして生きた酵母細胞内で，標的タンパク質のアンバーコドンで指定された部位に，培地中に加えた非天然アミノ酸を導入するシステムをつくることに成功した．もちろんこの手法を適用できる非天然アミノ酸は，培地から生細胞内に取り込まれねばならない，リボソーム中でペプチド結合をつくる反応を阻害してはならないなどの条件を満たす必要があるが，これまでに近傍のタンパク質と架橋される光架橋性アミノ酸（生細胞中でタンパク質間相互作用を高い空間分解能で検出できる），重原子をもつアミノ酸（X 線構造解析に有用），天然アミノ酸にはない立体構造や電子的性質を有する側鎖をもつアミノ酸，トリプトファンやチロシンとは異なる発蛍光基をもつアミノ酸など，膨大な種類の非天然アミノ酸の導入に成功している．

することを**翻訳後修飾**（posttranslational modification）という．遺伝子操作で使われる**GFP**（緑色蛍光タンパク質，§6.9）の発蛍光基（fluorophore）も翻訳後修飾でつくられたものだ．真核細胞では原核細胞に比べタンパク質の翻訳後修飾が非常に多い．

5.3　機能あるタンパク質へ：フォールディング

リボソームから出てきたポリペプチドは**ランダムコイル**（random coil）という無定形なひも分子で，これが機能あるタンパク質分子に折れたたまれる過程を**フォールディング**（folding）という．逆に機能あるタンパク質がランダムコイルになることを**変性**（denaturation）または**アンフォールディング**（unfolding）という．できたてのランダムコイルと変性タンパク質のランダムコイルが同じ構造とは限らないが，エネルギー状態のほぼ等しい多様なアンフォールド鎖が共存していると推定し，フォールディングを終えた**ネイティブ**（native, N）タンパク質と，アンフォールドで生じる変性（denatured, D）タンパク質の平衡を，東京工業大学大学院入試問題（1992）の形式を借りて考察する（問題 5.4．データや文章は変えてある．§2.7 も参考になる）．

[**問題 5.4**]　酵母ホスホグリセリン酸キナーゼ（PGK, 図 4.3 の⑦）は金属も補欠分子ももたない 416 アミノ酸残基の単量体タンパク質で，**二状態モデル**に従って可逆変性する（二状態モデルでは，タンパク質はネイティブ N か変性 D のいずれかで N ⇌ D の平衡が成り立ち，中間状態はないと仮定する）．変性に伴う蛍光強度（F）の変化を用い**塩化グアニジニウム**（GdmCl, 塩酸グアニジンの通称で知られる変性剤）による変性を 25℃ で追跡すると，図 5.3 a の結果が得られた．直線 F_D, F_N は GdmCl 濃度 [GdmCl] に対し，次式で表される．

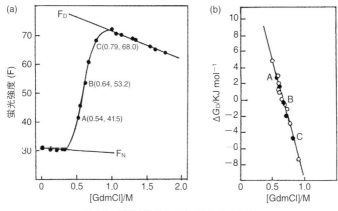

図5.3 酵母 PGK の GdmCl による変性

(a) 蛍光強度変化：25℃，pH 7.5 で GdmCl 濃度を変えて蛍光強度の変化を測定．A，B，C，3点の座標も示す．

(b) 各 GdmCl 濃度における変性の ΔG_D：(a) の蛍光強度変化から計算した ΔG_D は●，円二色性によるモル楕円率変化（図示せず）から計算した ΔG_D は○で示す．

[Nojima, H. *et al., J. Mol. Biol.* **116**, 429–442（1977）]

$$F_D = 81.6 - 10.0[\text{GdmCl}]$$

$$F_N = 30.8 - 1.7[\text{GdmCl}]$$

(1) 試料の溶液に GdmCl を加えたら，すぐ蛍光を測定しなければならないか？　時間をおくのか？　その理由も述べよ．

(2) ある［GdmCl］のとき蛍光強度 F が観察された．このときの変性反応の平衡定数 K と変性に伴うギブズエネルギー変化 $\Delta G_{N \to D}$ mol^{-1}（ΔG_D と略記）を求める式を導け．

(3) 図5.3 a の中の A，B，C の各点における［GdmCl］と蛍光強度（図に示す）から，この3点における K および ΔG_D を計算せよ．

(4) 問（3）の結果から［GdmCl］＝0 のときの ΔG_D を推定せよ．

(5) タンパク質の変性は 280 nm 付近の紫外部吸収を用いて追跡する

ことができる．変性するとタンパク質の吸収極大の波長はどちら
の方に移動するか？　そのとき吸光係数は大きくなるか小さくな
るか？

[解]　(1) タンパク質分子の表面に露出しない内部の Trp 側鎖など
が GdmCl 変性により徐々に露出して蛍光を発するようになるから，
蛍光測定まで時間をおく．30 min おきに測定し，蛍光強度が一定
になるまで待つ．変性が平衡に達するまでに 24 h 以上かかる例も
ある．

(2) 二状態モデルにおける平衡定数の定義より $K=[D]/[N]$．各
[GdmCl] における F_D と F の高さの差はネイティブタンパク質濃
度に対応し，F と F_N の高さの差は変性タンパク質濃度に対応する
から

$$K=\frac{F-F_N}{F_D-F}=\frac{F-30.8+1.7[GdmCl]}{81.6-10.0[GdmCl]-F} \tag{5.8}$$

$$\Delta G_D=-RT \ln K=-5.708 \log K \quad (\text{kJ mol}^{-1}) \tag{5.9}$$

(3) 3 点のデータを式 5.8 と式 5.9 に代入して，A 点：$K=0.335$，ΔG_D
$=2.71$ kJ mol^{-1}，B 点：$K=1.068$，$\Delta G_D=-0.16$ kJ mol^{-1}，C 点：
$K=6.762$，$\Delta G_D=-4.74$ kJ mol^{-1}．

(4) 横軸に [GdmCl]，縦軸に変性の ΔG_D をプロットすれば図 5.3 b
の直線が得られる（図の A，B，C，3 点から作図）．この直線を
[GdmCl]$=0$ に外挿すると $\Delta G_D=18.9$ kJ mol^{-1} が得られる．

(5) タンパク質で 280 nm の吸光（§6.6.1）は主として Trp と Tyr，わ
ずかに Phe（巻末付表 2）．これらの芳香族側鎖は DNA 塩基と違い
スタッキング（積層）せず，ばらばらに埋め込まれていたり一部
は分子表面に露出している．しかし水溶媒中よりも疎水環境にあ
るほうがわずかだが吸光度が高く，吸光ピークは長波長側に 2〜3
nm シフトしている（§6.7）．したがって，タンパク質内部の Trp，
Tyr 側鎖が変性で水溶媒に露出すれば，中性では吸光度がわずかに
減少し，吸光ピークが少し短波長側にシフトするはずだが，顕著
ではない．弱アルカリ性で変性すれば全 Tyr 側鎖が露出してフェ
ノール性 OH のイオン化の割合が増えるから，吸光ピークは長波

長にシフトし，吸光度は増加する．

[参考]　図 5.3 b には A，B，C，3 点のほか，図 5.3 a の他の点（●），および出典に挙げた論文の**円二色性**（circular dichroism：**CD**. 円偏光二色性ともいう，§6.6.4）の**楕円率**（ellipticity，θ）から計算した値（○）も載せてある．CD は**旋光分散**（optical rotatory dispersion：**ORD**，図 6.9）と同様に，タンパク質二次構造の測定に使われる．α ヘリックス，β ストランドなど二次構造中のペプチド結合に起因する円二色性の波長依存を測定するものである．

問題 5.4 の問(4) で求めた ΔG_D は ［GdmCl］→0 への外挿値だから GdmCl の影響はないはずで，他の変性剤，たとえば**尿素**で変性させても同じ値になるはずだ．しかし塩化リチウム LiCl による変性実験では中間の不完全変性状態で止まると報告されているから，ネイティブと変性の中間状態も考慮する必要がある．事実，**蛍光共鳴エネルギー移動**（**FRET**，§6.8），**X 線小角散乱**（**SAXS**，§6.15），**高分解能 NMR**（§6.12），円二色性（CD）などの物理化学的測定手段の感度が上がり，二次構造が認められない状態でも側鎖の集合や規則構造の残るフォールディング中間体が報告されるようになった．変性剤の除去でただちにアンフォールド状態からのフォールディング開始が観察される例もあり，変性状態でもネイティブ構造がすべて失われたわけではない．二状態モデルはわかりやすいモデルだが，今後評価が変わるかもしれない．

問題 5.4 の問(4) で計算したように，変性は $\Delta G > 0$ の吸エルゴン過程だから，フォールディングは $\Delta G < 0$ の発エルゴン過程である．ニワトリ卵白リゾチーム(129 残基)では，ネイティブ構造を安定化する水素結合が 1 対できる ΔG は $-15 \sim -20\ \mathrm{kJ\ mol^{-1}}$，イオン結合は $-85 \sim -90\ \mathrm{kJ\ mol^{-1}}$，これにファンデルワールス力などの安定化相互作用を加えた安定化の ΔG は総計約 $-830\ \mathrm{kJ\ mol^{-1}}$ に

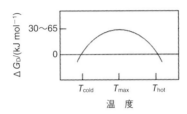

図 5.4　変性のギブズエネルギー変化（ΔG_D）の温度依存
ΔG_D がプラスとなる温度範囲では変性しない.

達する. しかしフォールディングによる秩序の増加（エントロピー
減少, $\Delta S < 0$, $-T \Delta S > 0$）, その他の不安定化相互作用の ΔG は総
計 770 kJ mol^{-1}, したがってフォールディング過程の ΔG は約 -60
kJ mol^{-1} にすぎない. タンパク質構造では, 大きな安定化エネル
ギーと大きな不安定化エネルギーの差としてわずかに安定化エネル
ギーが残るだけである（§2.4 も参照）. これを**マージナルスタビリ
ティ**（marginal stability）という.

　ΔG はエンタルピー変化 ΔH とエントロピー変化 ΔS の関数であ
る.

$$\Delta G = \Delta H - T \Delta S \tag{1.4}$$

多くの単量体タンパク質では変性の ΔH は温度に大きく依存し, ΔS
の温度依存は小さいから, ΔH と $T \Delta S$ の温度依存性が相殺し ΔG
の温度依存は図 5.4 のような緩い凸曲線になる. このカーブの頂点
（タンパク質最安定温度, T_{max}）での変性の ΔG は 30～65 kJ mol^{-1}
がふつうだが, 0 kJ すれすれでネイティブタンパク質と変性タンパ
ク質が平衡状態で共存する例もある. カーブが緩いか頂点が高けれ
ばタンパク質が安定な温度範囲は広く, 逆にカーブがあまり緩くな
いか頂点が低ければ安定温度の範囲は狭い. ニワトリ卵白リゾチー

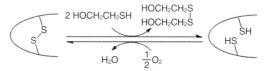

図 5.5 S−S 結合の 2-メルカプトエタノールによる還元と，O_2 による SH 基の再酸化による S−S 結合の再生
S−S 結合は 1 個のみ示す．

ムの T_{max} は約 0℃，シトクロム c は約 30℃ だが，超好熱細菌の熱安定タンパク質でも約 40℃ とたいして高くない．しかし熱変性温度(T_{hot})は約 30℃ から 90℃ を超えるタンパク質まである．一方，多くのタンパク質の低温変性温度 (T_{cold}) は 0℃ 以下だから低温変性は観察されないが，$T_{cold} > 0℃$ だと**低温不安定（コールドレイブル，cold-labile）**の性質をもったタンパク質になる．たとえばラット肝の酵素アセチル–CoA ヒドロラーゼやウサギ骨格筋のホスホリラーゼ b は 0℃ で変性し，失活する．

　ではリボソームから出てきたひも分子のフォールディングはタンパク質の変性の逆過程と同じか？　フォールディングに関する最も有名な Christian Anfinsen の実験は，4 個のジスルフィド結合（S−S 結合）をもつ**リボヌクレアーゼ A（RNase A**，124 残基）を尿素で変性して **2-メルカプトエタノール**（$HOCH_2CH_2SH$）で S−S 結合の架橋を還元して切断（図 5.5，右向き矢印），ここで尿素を透析除去し空気中で自然に酸化させると 4 個の S−S 結合が元どおりに架橋し（図 5.5，左向き矢印），RNase A の活性が 100% 復活したというものである．

　4 個の S−S 結合が還元されれば 8 個の SH 基ができる．最初の 1 個の SH が残り 7 個から正しい SH を選んで S−S 結合をつくる確率は 1/7，次の 1 個が残り 5 個から正しい SH を選ぶ確率は 1/5，と

S−S 結合が確率過程で再生されれば，正しい組合せのできる確率は $(1/7)×(1/5)×(1/3)＝1/105$ のはずで，事実，尿素を除去せずに空気酸化すればS−S結合がでたらめに架橋して，酵素活性は1%しか復活しない．つまり RNase A のアミノ酸配列には，このタンパク質が自然に活性酵素のコンホメーションにフォールドするような情報が含まれている．ネイティブタンパク質がアンフォールドする過程は $ΔG>0$ なので，アンフォールド形がネイティブ形にフォールドする過程は $ΔG<0$，つまり自然に進行する．

　RNase A とは異なり，**シャペロン**（chaperon，フランス語の発音はシャプロン）というタンパク質の助けを借りないとフォールドできないタンパク質も多い．シャペロンとは貴族の令嬢が社交界にデビューする際に付き添って好ましくない相手とくっつかないように導く中年女性で，生化学におけるシャペロンは新生タンパク質が細胞内の種々の分子と不適切に集合したり凝集するのを防いで正しいフォールディングに導くタンパク質である．細菌を最適温度より高い温度で培養すると誘導される一連の**熱ショックタンパク質**（heat shock protein：**Hsp**），たとえばHsp70（分子質量 70 kDa の Hsp），Hsp90 など多数の Hsp がシャペロンとしてはたらく（Hsp は熱などのストレスから細胞を保護する機能をもつ．広く生物界に存在し，シャペロン以外の機能をもつものもある）．

　最もよく研究された大腸菌の GroEL（別名 Hsp60，548 残基サブユニットのリング状ホモ七量体を底辺どうしで繋いだ十四量体）は中央部がくびれた筒状タンパク質，GroES（別名 Hsp10，97 残基サブユニットのホモ七量体）はその蓋となるドーム状タンパク質で，両者が会合して**GroEL/ES シャペロニン**を構成する（図5.6a）．上の GroEL リング内部の疎水表面にフォールディング前のポリペプチドがくっつくと各サブユニットに ATP が結合し GroES の蓋が

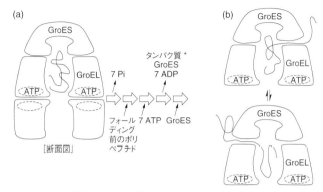

図 5.6　GroEL/ES シャペロニンのはたらき
（a）上下の GroEL リングが交代ではたらくシーソーモデル．太矢印から出る上向き矢印は上の GroEL からの排出を表し，リング内のポリペプチドはフォールディングしてもしなくても放り出される（＊印）．下から太矢印に向かう矢印は下の空の GroEL リングのできごとを表し，最後に GroES の蓋がつくと上下が逆転した出発状態になって，同じプロセスを繰り返す．
（b）タンパク質の一部がシャペロニンからはみ出た状態（上リングのみ表示）．この後ポリペプチドがすっぽりとシャペロニンに入ってフォールディングに成功するか，引き抜かれて外部環境にさらされるか，その割合はタンパク質の種類による．［吉田賢右の図を参考に作成］

かぶさって内部に閉じたカゴ状の空間ができる（図5.6 a）．ポリペプチドはこのカゴの中に閉じ込められてフォールディングを始め，約 10 s 経ち 7 分子の ATP が ADP に加水分解して Pi を放出すると GroES が離れてカゴの蓋が開き，中のタンパク質が外に放出される（フォールディングが完了していない場合でも放出される）．すると下の GroEL リングにフォールディング前のポリペプチドと 7 ATP と GroES が結合できるようになり，こうして上下の GroEL が交代ではたらくシーソーモデルが，多くの生化学書に載っている定説である．

　しかしポリペプチドに結合できる抗体を加えると GroEL/ES のカ

ゴの中からポリペプチドが引っ張り出されるという観察などから，ポリペプチドの一部はシャペロニンからはみ出た状態にあり（図 5.6 b），ポリペプチドが全部カゴに入り込めばめでたくフォールドするが，外部に逃げ出すポリペプチドもあるといい，外に逃げ出したポリペプチドがフォールドするか凝集するかは，細胞内の環境による．また上下の GroEL リング両方にタンパク質が入った状態も存在することが実験的に証明されているので，従来のシーソーモデルの定説（図 5.6 a）は再検討が必要だ．

　1 回でフォールディングに成功する割合はタンパク質の種類によるが，5% 程度と低い場合は十数回も GroEL/ES のお世話になり，それでもフォールドしない駄目ポリペプチドは分解される．大腸菌で GroEL/ES の助けを必要とするタンパク質は全タンパク質の 10% ほどで，他のシャペロンのお世話になるもの，シャペロン不要のものなど，フォールディング手段は多様である．1 匹の大腸菌には 6 種のシャペロン，総数 30,000 分子以上あり，生育条件によって種類や分子数が変わる．たとえば高温その他のストレスで Hsp が増える．

　リボソームから出てきたフォールディング前のタンパク質のギブズエネルギーは高いが，秩序は低い（エントロピーが大きい）．この状態を**フォールディングファネル**（または**エネルギー景観図**．図 5.7，左の明るい谷）の標高が高くて断面積の広いトップ平面と考え，フォールディング完了状態を谷底と考える．フォールディング中間体はフォールディングファネルのどこかの地点にいて，谷底からの高さは実効エネルギー（タンパク質全体のギブズエネルギーからコンホメーションエントロピー×温度を差し引いたもの）に相当し，その地点での谷の広さはエントロピーに相当する．個々のタンパク質ごとに地形が違い，滑らかな谷もあれば，凸凹で局所的最低

図 5.7　フォールディングファネル（エネルギー景観図）
リボソームから出てきた未熟タンパク質は，単独では左の明るい谷に落ち込み，局所的最低点に引っ掛かっても分子の熱運動で囲みを越えフォールディングを続けて最終的な安定状態に落ち着く．細胞内で多数のタンパク質分子と共存する状態では右の暗い谷に落ち込み，異常凝集に落ち着く可能性がある（§5.4 参照）．

点（local minimum）に引っ掛かりやすい谷もある．その場合もフォールディング途上のタンパク分子は熱運動で囲みを越えて谷底に向かって落ち込み，最終的に安定なフォールディング形に落ち着く．シャペロン中では他の分子の妨害なしに同じ経過をたどる．

　長い間，タンパク質はフォールディングで特定のコンホメーションをとって初めて生物機能をもつと思われていたが，天然状態ではどけている**天然変性タンパク質**（intrinsically disordered protein）も存在する（図 5.4 の頂点でも $\Delta G_D < 0$ なのだろう）．細菌やアーキア（古細菌）には少ないが，真核生物タンパク質の約 1/3 には特定のコンホメーションをもたない無秩序領域がある．これらの天然変性タンパク質（またはドメイン）は，核酸，生体膜，または他のタンパク質と特異的に結合して安定な三次構造を形成し，独自の機能を発揮する．まだ謎は多く，これからの研究が面白くなりそうだ．

　多くの真核タンパク質は機能のあるタンパク質に成熟するために
いろいろな変化を遂げるが，逆に，タンパク質が機能を失い，さら
に有害化するという，タンパク質の持ち主にとっては嬉しくない変
化もある．

5.4　タンパク質の機能喪失，有害化と分解

　フォールディング，翻訳後修飾を経て生化学機能を獲得したタ
ンパク質は，生体内ではたらくうちに，活性酸素種による酸化
（§4.4），開環構造の糖（図4.4）のカルボニル基（アルデヒドとケト
ン）とアミノ基の非酵素結合による **AGE**（進行性終末糖化産物，

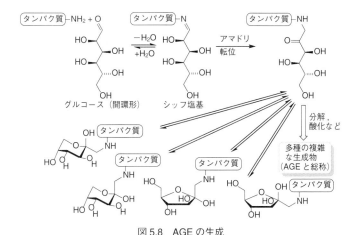

図5.8　AGE の生成

タンパク質のアミノ基と開環形グルコース（37℃で 0.007%，高温ほど増え
る）のカルボニル基の非酵素縮合で生じるシッフ塩基（C＝N 化合物）がア
マドリ（Amadori）転位を経て AGE を生じる．フルクトースは開環形が 31
℃で 0.8% もあるので AGE を生じやすい．

advanced glycation end-products）の生成（図5.8），その他の化学変化により機能を失う．

D-アミノ酸残基は微生物がつくるペプチド抗生物質には含まれても，リボソームで合成されるタンパク質には存在しないと信じられてきた．しかし眼の水晶体タンパク質や皮膚タンパク質などからD-Asp などの残基が発見され，その割合は加齢で増加し白内障，皮膚疾患などの一因となる．まず，ペプチド中のL-Asp 残基（図5.9の①）のβ-カルボキシ基の$C^{\delta+}$を次のアミノ酸残基のアミド N^{δ} が求核攻撃して（*S*）-スクシンイミド中間体②をつくる．この中間体の2個のN−CO 結合のうち，②の上のN−CO 結合が切れれば元の①に戻るが，下のN−CO 結合が切れればβ-カルボキシ基にペプチドが繋がったLβ-Asp 残基③になる．またスクシンイミド五員環②の2個のカルボニル基（$^{\delta+}C=O^{\delta-}$）の電子求引効果でα-CからH$^+$が取れてC=Oがエノール化すれば平面構造になり，これがケト形に戻るとき，取れたH$^+$とは反対側からH$^+$が付加すればα-Cの立体配置が反転し，（*R*）-スクシンイミド中間体②を経てD-Asp

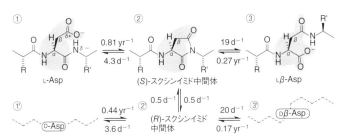

図5.9　ペプチド中 L-Asp 残基の異性化反応機構

Asp 残基のα-H は示すが C につく他の H は書かない．R，R'は Asp 残基の前後のアミノ酸残基の側鎖．モデルペプチド（実在タンパク質ではない）による一次反応速度定数も示す．［Fujii, N. *et al.*, *Biochim Biophys Acta* **1860**, 183–191（2016）］

残基①と Dβ-Asp 残基③を生じる．L-Asp 残基が D-Asp にエピマー化すれば側鎖の向きが変わり，Lβ-Asp や Dβ-Asp になれば，それ以降のペプチド鎖のコンホメーションが大きく変わる．L-Asn 残基も脱アミド反応を起こしてスクシンイミド中間体②になることがある．

　なお L-Asp 残基の Lβ 化，D 化，Dβ 化はその残基のおかれた環境に依存し，高齢者の眼球レンズタンパク質の特定の Asp 残基で Dβ-Asp が 1/3 以上を占める例もあれば，まったく異性化しない L-Asp 残基もある．つまり L-Asp 残基の異性化は酵素反応ではないが，その残基周辺のコンホメーションに依存する特異な反応である．

[問題 5.5]　あるタンパク質の L-Asp 残基が図 5.9 のメカニズムで Lβ 化，D 化，Dβ 化したとき，以下の問に答えよ．
　(1) 平衡に達したときの①，①′，②，②′，③，③′の割合はどうなるか？
　(2) L-Asp と D-Asp は互いに鏡像体で旋光度以外の物理化学的性質は完全に等しいが，L-体間相互変化（①⇌②⇌③）と D-体間相互変化（①′⇌②′⇌③′）の速度定数が等しくない．その理由は？

[解]　(1) 平衡状態では①，②，③，①′，②′，③′間の変化速度が全部 0 になる．速度定数の単位を揃え（0.81 yr^{-1}=0.00222 d^{-1} など），①濃度一定：0.00222[①]=4.3[②]，②濃度一定：0.00222[①]+0.00074[③]+0.5[②]=4.3[②]+19[③]+0.5[②] などの式を立て，変形して[②]=0.00222[①]/4.3，[③]=…と計算．①：2.6%，①′：4.1%，②=②′≒0%，③：35.1%，③′：58.2%．
　(2) Asp 残基の N 末端側ペプチドと C 末端側ペプチドは全部 L-アミノ酸残基のまま変化しないので①と①′は互いに鏡像体ではなくジアステレオマーで，化学的性質は互いに異なる．

　一方，キバラスズガエル *Bombina variegata* の皮膚が分泌する抗菌ペプチド，ボンビニンには L-イソロイシル残基の α-C の酵素

的エピマー化で生じる D-アロイソロイシル残基が抗菌性の増強に
関わる．

[**参考**]　脳では遊離 D-セリンの適正濃度（濃すぎず薄すぎず）を維
持することが正常な神経活動に必須である．D-アミノ酸も真核，
原核を問わず生化学の重要な研究対象になってきた．

　ポリペプチド鎖の化学変化に伴う機能喪失とは別に，フォール
ディングを始める前か始めた直後，またはフォールディング完了タ
ンパク質が多量化し，**アミロイド**（amyloid）という異常凝集体を形
成することがある（コラム 4 参照）．ポリペプチド鎖がフォール
ディングファネル（図 5.7）の暗い谷に落ち込むと異常凝集が起こ
ると思われる．

　タンパク質の誕生から分解までの**寿命**（lifetime）はさまざまで
ある．眼球のレンズタンパク質のように胎児から死ぬまでの超長寿
タンパク質，赤血球の寿命と同じ 120 d のヘモグロビン，30 d の
ラット骨格筋ミオシン，約 5 d のシトクロム c，80 min のラット肝
RNAP I，10 min 以下の短寿命タンパク質もあり，生理条件によっ
ても変わる．原核生物のタンパク質はふつう短寿命で，生育条件に
よる変動が大きい．

　細胞内でタンパク質分解に関わるメカニズムの一つは**プロテア
ソーム**（proteasome）依存の分解で，まずサイトゾルで，分解予定
タンパク質に 4 分子以上の**ユビキチン**（ubiquitin，76 残基タンパ
ク質）が ATP 依存反応により連結され，これがプロテアソーム行
きの目印になる．分解予定タンパク質の選別は $\Delta S < 0$ の過程，選
別される分子が変化しなければ $\Delta H = 0$，したがって $\Delta G > 0$ の吸エ
ルゴン過程になる．そこで ATP 依存のユビキチン結合により $\Delta G < 0$ の過程にして反応を進めたのだ．

　プロテアソームは α リングと β リングからなる *α–β–β–α* の 4 段
重ねの円筒で，各リングは 7 個の，互いに異なるがよく似たサブ
ユニット（平均約 220 残基）からなる．円筒の両端にはタンパク質
のキャップ（蓋）があり，ポリユビキチン化した分解予定タンパク
質はプロテアソームの入口でポリユビキチンから切り離され，
ATP の加水分解と共役してアンフォールドされると，円筒の 2 個の
β リングに囲まれた空洞に引きずり込まれる．ここでプロテアソー
ムを構成するタンパク質のもつプロテアーゼ活性により短いペプチ
ドに分解される．生じた短ペプチドはプロテアソームから拡散して

コラム 4

タンパク質の異常凝集と正常凝集

　タンパク質の異常凝集とは，生体内のタンパク質が本来の機能的な構造を失
い凝集することをさす．これには，ポリペプチド鎖自体の配列異常や化学的修
飾が引き金となる場合もあるが，それだけでなく細胞の備えるタンパク質の**恒
常性（ホメオスタシス**，homeostasis）維持システムの欠陥が発端となること
もある．タンパク質が異常凝集すると，タンパク質の機能が失われ，さらに凝
集体の蓄積自体も悪影響を及ぼし，細胞の機能不全や細胞死がもたらされる．
このため，異常凝集体の生成が起こり出すと細胞は非常事態にさらされること
になり，ついには病気の発症に至る．

　異常凝集体のなかのタンパク質は，不定形な構造を示す場合も多いが，一方
で，規則立った構造がたびたび確認される．これが**アミロイド構造**であり，ポ
リペプチド鎖が分子間で β シート構造を形成して積層するのが特徴である．現
在では，アミロイド構造の沈着が関わる疾病が数十種類も知られており，アル
ツハイマー（Alzheimer）病，プリオン病，透析アミロイドーシスなどがその
例である．驚くことにアミロイド構造は，試験管内で強力な自己増殖能を示

サイトゾルのペプチダーゼによりアミノ酸に分解される．アミノ酸が再度タンパク質合成に使われるか，脱アミノののち酸化分解してATP生産や糖新生，脂肪酸合成の材料になるかはそのときの生理条件によるが，3/4以上はタンパク質に再合成されるらしい．

　大隅良典（Yoshinori Ohsumi）が発見した**オートファジー**（autophagy）依存の分解では，**隔離膜**（isolating membrane）という小さな脂質二分子膜が成長しながらタンパク質やオルガネラなどの細胞質成分を積荷（cargo）として包み込み，**オートファゴソーム**（autophagosome）という構造体に成長，最後に**リソソーム**（lysosome,

し，これが疾病の重篤化や感染，伝播の根源であるという考えがある．

　このように，アミロイド構造の性質や振舞いはもはやネイティブ状態のタンパク質とは著しく異なるため，アミロイド構造には長年，異常凝集タンパク質の代表格としてのレッテルが貼られてきた．ところが近年になって，生理的機能を有する**機能性アミロイド**（functional amyloid）が発見された．なんと私たちの体内でアミロイド構造が利用されており，ホルモンペプチドは，分泌顆粒内部でまるでアミロイド構造のような形をとって高密度に貯蔵されているそうである．機能性アミロイドにより，アミロイド構造の見方は変わりつつある．

　それでは，異常型のアミロイドと機能性アミロイドは何が違うのだろうか？一つの可能性としては，必要な場所で必要なときにのみ形成され不要時には迅速に消失するよう時空間的に制御されていれば，アミロイド構造はれっきとした正常構造として機能し，異常凝集の範疇を外れるのかもしれない．または，構造自体にもまだ明らかにされていない相違点があるのかもしれない．アミロイド構造をタンパク質の異常状態と決めつけず，正常凝集と異常凝集の違いをもっと明確に理解する必要がある．　　（神戸大学大学院理学研究科　茶谷絵理）

lyso は溶解を意味する）と融合して内部の積荷を加水分解する．リ
ソソームは pH 5 の酸性オルガネラで，**カテプシン**（cathepsin）と
総称される一連のプロテアーゼ（タンパク質加水分解酵素）ほか多
数の加水分解酵素をもつ“何でも溶かし屋さん”で，細胞外から取
り込んだ外来タンパク質も細胞内タンパク質も非選択的に分解す
る．細胞質成分の選択的分解が必要ならオートファゴソームの積荷
として包み込むときに選別するはずで，そのメカニズムが少しずつ
わかりかけてきている．

　この章ではタンパク質の生涯を手短かに述べた．このテーマは日
本蛋白質科学会（Protein Science Society of Japan：PSSJ）の年会
で最もホットな分野の一つである．2004 年までの話題は雑誌，蛋
白質核酸酵素 49 巻 5 月増刊号にわかりやすい解説「細胞における
蛋白質の一生」がある．

　第 6 章では生化学で愛用される物理化学的測定手段を解説する．

生化学における物理化学的方法

6.1 生体高分子の調製

生化学では研究対象の生体高分子を高純度に精製する必要があり，タンパク質の場合は **SDS（ドデシル硫酸ナトリウム)-ポリアクリルアミドゲル電気泳動（PAGE）** を行い，クマシーブリリアントブルー（CBB）染色で単一バンドとみなせる程度の純度が基本である．ただ CBB 染色ではタンパク質以外の夾雑物は染色されないので，核酸の混入は紫外吸収スペクトルを使って検定する．

タンパク質は**遺伝子組換え技術**を使って生産することが一般的で，発現宿主細胞として大腸菌を使うのが簡便だが，大腸菌には糖鎖などの翻訳後修飾が存在しない．活性発現に翻訳後修飾が必要な場合は，発現宿主として酵母，昆虫培養細胞，哺乳類培養細胞などを用いる．遺伝子組換え技術を使うとアミノ酸配列を自由に設計できる．過去には短い特定の DNA 配列を切断する制限酵素や 2 つの DNA 断片を結合するリガーゼ酵素が使われたが，現在では 15 塩基程度の同一配列間の組換えを利用した方法を使うことで，1 塩基単位の精度で DNA 配列を正確にデザインできる．アフィニティ精製用の **His タグ**（6~10 個の連続したヒスチジン配列のこと．Ni^{2+} イオンとの親和性が高い）や溶解度改善のために他のタンパク質を N 末端あるいは C 末端に融合付加する手段もよく使われる．**タグタ**

ンパク質（protein tag）としてグルタチオン S -トランスフェラーゼ（GST）やマルトース結合タンパク質（MBP）などがある．目的のタンパク質とタグの間に数残基〜数十残基の余分なアミノ酸配列を挿入し，プロテアーゼ処理で選択的に切断してタグを除去する．ほかに，末端のフレキシブルな部分を除去したり，膜タンパク質では脂質膜に埋まる部分を除いて可溶性のドメインのみを発現させるなど，部分配列を抜き出して使うこともある．遺伝子 DNA の化学合成は外注してもよい．その際に発現宿主に合わせて同義コドンの出現頻度を調整したり，特定の制限酵素切断部位が生じないようにすることができる．遺伝子 DNA の全合成に必要な情報はアミノ酸配列だけなので，実在しない遺伝子も合成できる．たとえば系統樹から予測したマンモスのタンパク質もつくれる．遺伝子組換え技術に比べ，**ペプチド化学合成技術**を用いたタンパク質の化学合成はいまだに困難で，通常 30〜50 残基程度の長さが限界である．一方，化学合成は NMR や質量分析のために特定の位置の原子に安定同位体を導入することや，蛍光標識やビオチン標識，非天然アミノ酸を任意の位置に入れることができる（コラム 3）など，高い自由度が利点である．技術的なハードルは高いが，インテインというアミノ酸配列やソルターゼ A（sortase A）という酵素を利用し，2 つのペプチドを連結するペプチドライゲーションを行う方法もある．

　タンパク質の精製は**イオン交換クロマトグラフィー**，**疎水性クロマトグラフィー**，**ゲル沪過クロマトグラフィー**など，分離モードの異なるクロマトグラフィーを順次用いて進める．タンパク質の個性は多様なので，決まった精製手順は存在しない．経験と試行錯誤をたよりに，発現宿主，タグの種類，カラムクロマトグラフィーの種類と順番など，精製プロトコルを最適化する必要がある．最後に**限外沪過膜**を使ってタンパク質溶液を濃縮する．タンパク質溶液の濃

縮操作は意外に難しい．それは，濃度を上げると沈殿を生じたり，沪過膜に吸着して失われたりすることが多いためである．その場合は，溶液条件を変えて改善を試みる．

核酸（DNA，RNA）の調製は化学合成や **PCR**（polymerase chain reaction）を使う．プライマーなどの短い配列の合成には化学合成を，長い配列の合成にはプライマーとポリメラーゼを使った PCRを用いる．プライマーにあらかじめビオチンなどのタグを入れておけば長い配列の末端を標識できる．精製は**アガロースゲル電気泳動**や PAGE を使い，バンドをカットした後，ゲルから抽出する．二本鎖 DNA では相補的な 2 本の DNA を混合した後，変性温度以上の高い温度まで加熱してから冷ます**アニーリング**（"焼なまし"という意味）操作を行う．

糖鎖の調製はタンパク質や核酸に比べると格段に難しい．天然品から調製すると，ほとんどの場合，長さなどが不揃いな混合物になってしまう．化学合成は可能だが複雑な操作が必要な特注品であり，一般的な調製法ではない．

6.2 質量分析

有機小分子から生体高分子まで，イオン化して質量を測定することを**質量分析**(mass spectrometry：**MS**) というが，正確には質量と価数（電荷数）の比 m/z 値を測定する．横軸に m/z，縦軸に強度をプロットしたものがマススペクトルである．m/z は単位のない無名数として扱い，数値の前につけて m/z 715.01 などと記す．測定方式によるが，精度は非常に高く誤差は 0.0001〜0.01 である．電荷の符号と価数が異なることで，1 つの分子から異なる m/z 値をもつ複数のイオンが得られる．多価イオンの価数は**同位体ピーク**の

値の間隔で決定できる．間隔が m/z 1 なら 1 価，m/z 0.5 なら 2 価，m/z 0.33 なら 3 価である．2 価イオンの m/z 値は 1 価イオンの 1/2 ではない．陽イオンモードでは 1 個のプロトン H^+ が付加した $[M+H]^+$ を観測し，2 個のプロトンが付加すると $[M+2H]^{2+}$ となる．M が 1000 なら，1 価イオンは m/z 1001（＝1000＋1），2 価は m/z 501（＝(1000＋2)/2），一般に n 価の場合，$(M/n)+1$ の m/z 値をもつ．同様に陰イオンモードでプロトンが脱離する場合は，$(M/n)-1$ の m/z 値をもつ．質量分析の感度はきわめて高く，フェムトモル（fmol，10^{-15} mol）オーダーの極微量のイオンでも測定できる．欠点は強度の定量性が低いことである．理由はイオン化効率が一定でないためで，**安定同位体**（^{2}H，^{13}C，^{15}N）**標識**した内部標準物質と混合することで解決できる．マススペクトル中では標識されていないイオンピークの隣に内部標準物質のピークが並んで観測される．イオン化の効率が同じなので，両者の高さを比較することで定量できる．

　分子の同定は m/z 値だけでは難しいので，分析装置内で特定のイオンを選択し，種々の方法を用いて複数の**フラグメントイオン**に分解し，化学構造に関する情報を得る．このとき，選択したイオンを**前駆体イオン**または**親イオン**，生成したフラグメントイオンを**娘イオン**とよぶ．フラグメント化の前後に質量分析を 2 回行うので，**タンデム MS** あるいは **MSMS 分析**という．フラグメント化を複数回繰り返す測定も可能で，n 回の質量分析を行った場合，MS^n 分析という．生体高分子は基本的に単量体の繰返し構造なので，単量体ごとにとくに壊れやすい共有結合がある．その結果，ピークが単量体の m/z 値の間隔で現れるので，配列を決定できる．一定間隔でピークが並ぶ様子をはしご状（ladder）ということがある．

　純粋な化合物でも，質量的には**元素の同位体組成**に応じた異なる

質量をもつ分子種の混合物である．生体分子のおもな構成元素 H，C，O，N，S，P のうち，H，O，N，P はマイナーな同位体が 1% 以下で，^{1}H，^{16}O，^{14}N，^{31}P の単一同位体から構成されるとみなせる．しかし C と S には複数の同位体が存在し，C では ^{12}C：^{13}C＝98.9：1.1，S では ^{32}S：^{33}S：^{34}S＝95.0：0.75：4.2 である．C や S を含む化合物では，組成比を考慮した質量分布を計算する必要がある．m/z 測定の精度が十分高い場合は同位体ピークを区別できる．最も比率が高い同位体から構成されたイオン種がもつ質量を**モノアイソトピック質量**（monoisotopic mass）といい，同位体ピークのうち最高強度のピークに対応する．具体的には ^{1}H，^{12}C，^{14}N，^{16}O，^{31}P，^{32}S からのみなるイオンである．モノアイソトピック質量は別名 exact mass ともよばれる．MSMS 測定をするときには，親イオンには解析を簡単にするためにモノアイソトピックイオンを選ぶ．なぜなら，^{13}C を 1 つ含んだ親イオンを使うと，2 つの娘イオンのどちらに ^{13}C が含まれるかがランダムに決まり，各娘イオンが 2 本のピークにそれぞれ分裂してしまう．m/z 測定の精度がそれほど高くない場合には同位体ピークが 1 つのピークに合体する．ピークトップの位置は複数の同位体ピークの加重平均となり，**平均質量**（average mass）という．

[**問題 6.1**]　卵白のリゾチームは 129 残基のタンパク質である．同位体ピーク分布を計算するにはどうするか？

[**解**]　最初に元素組成式を求める．ここでは ExPASy サーバーの ProtParam（http://web.expasy.org/protparam/）を使う．アミノ酸配列を入力し，元素組成 $C_{613}H_{959}N_{193}O_{185}S_{10}$ を得る．次に ChemCalc サーバー（http://www.chemcalc.org/web/mm_description）のページの左側にある入力ボックスに C613H959N193O185S10 を入力して Submit ボタンを押す．左側の欄には平均質量（分子量 MW）14313.027792

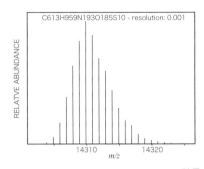

図 マススペクトルのシミュレーション結果

とモノアイソトピックマス（exact mass, EM）14303.87740 が表示される．2 つの数値は異なることに注意．右側のメイン画面にはマススペクトルのシミュレーション結果（同位体ピークの分布）が表示される．こちらでは同じ情報が Molecular weight: 14313.027792 とMonoisotopic mass: 14303.877403328 と表示されている．

タンパク質などの生体高分子をイオン化するには2つの方法がある．**マトリックス支援レーザー脱離イオン化法**（matrix assisted laser desorption ionization：**MALDI**）と**エレクトロスプレーイオン化法**（electrospray ionization：**ESI**）である（図6.1a）．MALDI では**マトリックス**とよばれる化合物の有機溶媒溶液と試料の溶液を混合し，溶媒を蒸発させてマトリックスとの混合物（混晶）をつくる．マトリックスとして，α-シアノ-4-ヒドロキシケイ皮酸（α-cyano-4-hydroxycinnamic acid：CHCA），シナピン酸（sinapic acid, sinapinic acid：SA），2,5-ジヒドロキシ安息香酸（2,5-dihydroxybenzoic acid：DHB）などは開発初期から使われてきた優れたマトリックスである．混晶に真空中でレーザーのパルスを照射すると，マトリックス分子と試料がともに気化され，両者の間に H^+ の授受が起こ

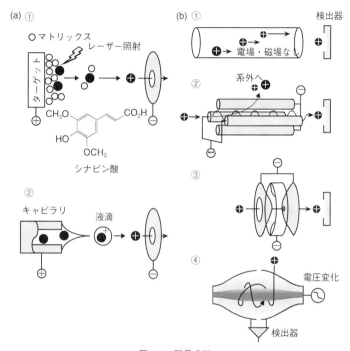

図 6.1　質量分析
（a）イオン化法．代表的イオン化技術として ① MALDI（マトリックスとしてシナピン酸などの化合物を使用）と ② ESI.
（b）*m/z* 測定法．① 時間飛行型（TOF），② 四重極型（Q），③ イオントラップ型（q），④ オービトラップ型（Orbitrap）.

り，通常は 1 価イオンが生成する．共有結合していない複数の生体高分子はイオン化の過程で解離する．ジスルフィド結合は一部が切断される．ESI では細い金属製キャピラリの近くに電極を配置して高電圧をかける．試料溶液をキャピラリの先端から少しずつ押し出すと溶液が細かい霧状になり，溶媒が蒸発して液滴が小さくな

り，イオンが生成する．この過程は大気圧下で起こるので，液体クロマト装置に直接繋いで**オンライン分析**ができる．マイクロシリンジで試料をイオン化部にじかに注入する**インフュージョン**（in-fusion）**分析**もできる．通常は多価イオンを生じる．複数の多価イオンを同時に観測し，数値計算で m/z 値を 1 価イオンの値に変換できる．多数の多価イオンを使うため質量精度が高いが，試料の純度がある程度高い必要がある．イオン化がソフトなので，非共有結合で会合している金属イオンやサブユニットは結合状態のまま測定できる．

　質量分析装置には，**飛行時間型**（time-of-flight：**TOF**），**四重極型**（Q），**イオントラップ型**（q），**オービトラップ型**（Orbitrap）などの方式がある（図 6.1 b）．飛行時間型は電圧をかけた電極の間にイオンを入れて加速した後に真空の飛行チューブの中を飛ばし，検出器に到達するまでの時間を測定する．軽いイオンは速く，重いイオンは遅く飛ぶ．イオン源から検出器まで直線的に飛行させる**リニアモード**では飛行チューブの長さが m/z 値の精度を決める．直線飛行の後に静電界ミラーを置いて飛行方向を反転させるとイオンをリフォーカスでき，高精度の m/z 値が得られる．これを**リフレクターモード**とよぶ．

　四重極型は 4 本の円柱型電極を平行に並べ，向かい合う 2 本の電極に同じ電圧を，他の 2 本には正負が逆の電圧をかける．直流成分に交流成分が乗った電圧をかけると，電圧の周波数や大きさで決まる m/z 値のイオンのみが円柱電極の中心部を波打ちながら通過する．直流と交流電圧の比を一定に保ちつつ交流電圧を直線的に変化させることでスペクトルが得られる．電極に交流電圧のみをかけた場合はすべてのイオンが安定した振動を示して保持される．この性質を利用して四重極は衝突室（collision cell）として使われる．

貴ガスなどを導入して衝突によるフラグメント化を行う.

　イオントラップ型は四重極型イオントラップの4本の円柱電極を曲げて両端を繋げて円形にした装置と見なせる装置で，多種類のイオンを周回させ溜めておける．すべてのイオンをトラップした後に，m/z 値が小さいイオンから順に外に排出することでスペクトルを測定する．トラップ中にフラグメント化もできる.

　オービトラップ型は新しい原理に基づくイオントラップ装置で，装置全体の特殊な形状によりイオンが特定の方向に振動しながらトラップされる．その振動数をフーリエ変換することで高分解能・高精度の測定ができる．それぞれの測定方式はイオン化方法との組合せに相性がある．MALDI は TOF と，ESI は Q，q および Orbitrap と相性がよい．それぞれ，単独で使用でき MALDI–TOF や ESI–q として使えるが，フラグメント化してこそ質量分析の真価を発揮できる．それぞれの特徴を踏まえて組み合わせ，TOF–q–TOF（TOFTOF），Q–q–Q（トリプル Q），Q–q–TOF（ハイブリッド型），Q–q–Orbitrap などとよぶ．最初の MS で親イオンを選択し，中央の q あるいは専用の衝突室でフラグメント化，最後の MS で娘イオンのマススペクトルを測定する．液体クロマト（LC）装置に接続させれば，LC–ESI–QqTOF となる.

　質量分析は**プロテオミクス**で基盤となる技術である．タンパク質の種類の同定を行うには事前に複数のフラグメントに切り分けておく．特異性の高いプロテアーゼを用いて分解し，生じたペプチドの混合物のマススペクトルを測定する方法を**ペプチドマスフィンガープリント法（PMF）**という．プロテアーゼとして，Arg と Lys 残基の C 末端側ペプチド結合を切る**トリプシン**，Lys 残基だけの C 末端側を切るエンドプロテイナーゼ Lys-C，Asp 残基の N 末端側を切るエンドプロテイナーゼ Asp-N などが使われる．アミノ酸配列から

予想されるペプチドリストとの一致をもとにタンパク質を同定する．PMF では各ペプチドの m/z 値を高い精度で決める必要がある．通常はさらに各ペプチドの MSMS 分析を行う．MSMS スペクトルではしご状に並んだ娘イオンの m/z 値の差からアミノ酸配列を推定する．5 残基程度の配列が推定できれば十分である．部分アミノ酸配列とそのアミノ酸配列が含まれるペプチドの m/z 値，および消化に用いたプロテアーゼの特異性の 3 つの情報を使ってタンパク質の種類を推定する．これを**シークエンスタグ法**といい，タンパク質の混合物でも，複数のタンパク質を同時に同定できる．なお，両方法とも解析の際に，タンパク質の翻訳後修飾や，調製過程における化学修飾も考慮する．たとえば，電気泳動ゲルに残存しているアクリルアミド単量体が Cys の SH 基と反応してアクリルアミド付加体を生成することがある．

[**長所**] 非常に高い感度と高い精度で質量（正確には m/z 値）を測定できる．正確な質量から物質の同定が確実にできる．

[**短所**] イオン化の効率が物質により異なるために比較定量が難しい．これを克服するために安定同位体標識をした内部標準を使う方法がある．立体異性体は質量が同一なので区別できない．たとえば，イソロイシンとロイシン，グルコースとマンノースは区別できない．また，直鎖構造と枝分かれ構造の区別はできない．

[**装置**] 質量分析器にはイオン化や質量測定に複数の方式がある（図 6.1）．それぞれの特徴を理解して使う必要がある．その有用性から装置開発は現在でも急速に進んでいる．

6.3 超遠心分析

溶液状態で溶質分子（粒子）は熱運動に基づく拡散のため重力によっては沈降しない．しかし非常に高速で遠心すると，遠心力が拡

散に打ち勝って粒子が沈降する．これが**超遠心**（ultracentrifuge）
で，溶液全体は粒子がない部分と粒子がある部分に分離し，濃度の
境目に**沈降界面**が生じる．超遠心分析を使うと，粒子の大きさや
形，粒子間の相互作用を溶液状態で定量的に解析できる（図6.2）．

　比較的高速で遠心し，沈降界面の移動速度の時間変化を追跡する
方法を**沈降速度**（sedimentation velocity）**法**という．均一な粒子の
場合は粒子の**沈降係数**を決定できる．沈降係数 s は温度や溶媒の密

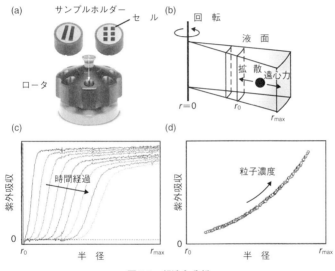

図 6.2　超遠心分析
(a) 超遠心分析用ロータ：試料を入れる穴が複数ある．上下を透明な石英
でカバーしてセルをつくる．
(b) 遠心中のセル内で生じる半径方向に沿った粒子の沈降と拡散の釣合い．
(c) 沈降速度法での濃度曲線の時間変化．
(d) 沈降平衡法で十分時間が経過して平衡に達し，濃度曲線が変化しなく
なったときの曲線の形を解析．(c)，(d) で，横軸は半径方向の位置，縦軸
は紫外吸収で測定した粒子の濃度．

度の影響を受けるので，通常は20℃，水の密度中の値である$s_{20,w}$に換算する．沈降係数の単位は秒（s）だが，通常は10^{-13}sをスベドベリ単位Sで表し，たとえば細菌の70Sリボソームなどという（§5.2）．界面は拡散によって広がるので**拡散係数D**が決定できる．拡散は溶液の粒子どうし，あるいは粒子と水との相互作用（摩擦）とも解釈できるので，摩擦係数（f）はDと反比例の関係にある．Dとfは分子の形の情報を含み，球形からのずれの程度，回転楕円体を仮定すると長軸と短軸の軸比を決められる．分子量M_rとs，f（またはD）はスベドベリの式（式5.6）で関連づけられ，拡散係数を別の方法で推定できれば分子量を推定できる．逆に，他の方法で分子量がわかれば，拡散係数から分子の形を推定できる．もし粒子が多成分系の場合，たとえば異なる粒子の混合物の場合，粒子が会合して凝集体の混合物である場合，さらにそれらが相互に交換している場合など事情が複雑になる．これらの状況では沈降界面の挙動は理論式からずれるので，単分散均一系でないことを敏感に検出できる．

　比較的低速の遠心で十分に時間が経過すると，拡散と沈降が釣り合って定常状態に達する．このときの濃度勾配曲線の形を解析する手法を**沈降平衡法**（sedimentation equilibrium）といい，粒子の形状に依存せず分子量を求められる点が他の分子量推定法と一線を画す最大の特徴であるが，これには**偏比容**（§1.3参照）の値が必要になる．しかし正確な偏比容の測定は容易ではないため，沈降平衡法は分子量決定法として使いにくい．複数の種類の粒子あるいは自己会合体を含む場合には，計算される分子量は**重量平均分子量M_w**となり，一般的な**数平均分子量M_n**とは異なる（不均一な分子集合体で，分子量M_iの分子種の重量をW_i，分子数をN_iとすれば，$M_w=\sum W_i M_i / \sum W_i$，$M_n=\sum N_i M_i / \sum N_i$）．沈降平衡法では粒子が動的な

解離会合平衡にあるか単なる混合物であるかを区別でき，解離会合
している場合は平衡定数も決定できる．

[**長所**] 超遠心分析は物理化学的に厳密な理論を背景としている．
測定は非破壊的で試料を回収できる．他の多くの分子量推定方法と
異なり，分子の形に影響を受けない分子量を決定できる．

[**短所**] 理論的には分子量の絶対値を決定できるが，実際には偏比
容の測定や水和などの問題があって，分子量の解析において不確定
要素が存在する．

[**装置**] 過去には Beckman 社の分析用超遠心機 Model–E，現在は
Beckman Coulter 社の Optima XL が使われる．A タイプの紫外可視
光吸収による検出のほかに，I タイプではレイリー干渉計による検
出を行い，光吸収のない糖質や脂質も測定できる．超遠心機のロー
タが高速回転している状態で，試料溶液の濃度変化を測定する仕組
みも面白い．試料を入れるセルは上下が透明で，回転のタイミング
を合わせて光を上からフラッシュする．下部には検出器があり，半
径方向にスキャンすることで，濃度分布曲線を吸光度として，また
は試料セルと対照セルの間の干渉縞として測定する．

6.4　SPR 法

　表面プラズモン共鳴（SPR）を利用して分子間相互作用を検出す
る方法．**SPR 法**（surface plasmon resonance analysis），または装
置を開発した Biacore 社から**ビアコア法**ともいう（図 6.3）．金の薄
膜を貼り付けたプリズムを通して光を金薄膜で反射させると，金薄
膜表面に波長程度の厚さの近接場光が生じる．**近接場光**とは光の波
長よりも微小な粒子に光を当てたときに粒子の表面に発生し，その
場に留まる特殊な光である．反射光の強度を入射光の角度の関数と
してプロットする．光プラズモン共鳴が起こって近接場光が生じる

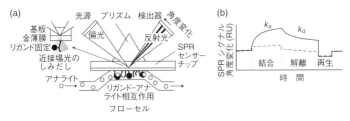

図 6.3　SPR 法
(a) SPR センサーチップの構造とセンサーチップへのリガンドの固定.
(b) SPR センサーグラム.　アナライトをフローセルに流してアナライトの結合反応を見る.　次にアナライトを含まない液を流して解離反応を見る.　最後は結合アナライトをすべて解離させる再生操作を行う（これを毎回は行わない方法もある）.　破線はセンサーチップにリガンドを固定していないネガティブコントロール.

　と，その分だけ反射強度が減少するので，プロットには強度が極小値となる入射角度が存在する.　金薄膜の近くに生体分子を含む溶液を流すと，表面プラズモン共鳴が変化して，極小となる入射角度が変化する.　入射角度の変化 0.1° を SPR シグナルの 1000 レゾナンスユニット（RU）と定義する.　横軸に時間，縦軸に SPR シグナルをプロットしたものを **SPR センサーグラム** とよぶ（図 6.3 b）.

　分子間の相互作用を見るには，センサーチップの金薄膜上に一方の分子を固定し，他方の分子をマイクロ流路に沿って流す.　固定するほうをリガンド，流すほうを **アナライト** とよぶ.　通常，アナライトは生体高分子であるが，感度のよい装置を使用しかつ慎重に装置を調整することで，有機小分子（100 Da）でも相互作用を測定できる.　リガンド分子との相互作用によって金薄膜近傍にアナライトが集積する.　SPR センサーグラムはアナライトの集積を SPR シグナルとしてリアルタイムに定量する.　センサーグラムに解離・会合過程が見られるとき，理論式をフィッティングすることで会合速度定

数k_a, 解離速度定数k_dを決定し, 結合定数$K=k_a/k_d$が求められる. これをキネティックス解析という. 解離・会合速度が速い場合はSPRシグナルの平衡値を結合量としてアナライト濃度に対してプロットして結合定数を算出する. これをアフィニティ解析という. 温度を変えて複数回の実験をすれば, 結合定数Kの温度変化から, エンタルピー変化ΔHをファントホッフ式, $d(\Delta G/T)/dT = d(-R \ln K)/dT = -\Delta H/T^2$から計算できる.

[**長所**] 解離会合速度を測定できる. マイクロ流路系を使うので, 固定するリガンドは微量でよく, 測定も自動化され, 再現性が高い.

[**短所**] リガンドをセンサーチップの金薄膜近傍に固定するとき, 金薄膜への直接固定ではなく, 薄膜上に海底の海藻のように生えているカルボキシメチルデキストランのフレキシブルな鎖にアミノ基, メルカプト基, カルボキシ基を介して共有結合させ固定するか, アビジン–ビオチン, Hisタグ–NiNTA (NTA=ニトリロ三酢酸), 抗原–抗体, 核酸の二本鎖形成などの相互作用を用いるなど多様な固定法がある. 再生操作中のアナライトの洗浄の際に, リガンドがはがれ落ちないようしっかり固定すると同時に, リガンドが構造や機能を失わないよう, 固定化条件の決定に苦労することがある.

[**装置**] センサーグラムの解析プログラムが充実していて, 高度な解析が簡便に実行できる. 過去には溶液からセンサーチップ表面までのアナライトの移動 (マストランスファー) を考慮した解析法が普及していなかったため, SPR法を用いて決定した結合定数が他の方法よりも3桁も強いという誤った結果が得られていた. 現在の解析プログラムではマストランスファーが標準的に考慮されている.

6.5 等温滴定型熱量計

等温滴定型熱量計（isothermal titration calorimeter：**ITC**）は分子間相互作用による発熱または吸熱を測定する装置である（図6.4）．2つの同型のセルが備えられている．一方は試料セルで，生体高分子などの溶液を入れる．これにシリンジを用いてリガンド溶液の一定量を注入したときの熱の出入りを，もう一方のセル（参照セル．水が入っている）との温度差として検出し，温度差を打ち消すようにいずれか一方のセルのヒーターに電流を供給して，リガンド注入1回あたりの熱量(発熱または吸熱)を記録する．リガンドを注入するごとにリガンドが結合していない分子が少なくなるので，1回あたりの熱量は減っていき，ついには熱の出入りがなくなる（図6.4 b）．ただし，注入する溶液の希釈による熱の出入りがオフセットとして残る場合がある（試料溶液とリガンド溶液の溶媒組

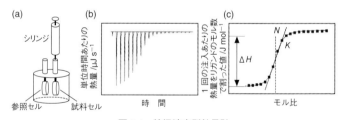

図6.4　等温滴定型熱量計

（a）試料セルにシリンジからリガンドを少しずつ撹拌しながら滴定すると発熱または吸熱が起こる．試料セルと参照セルの間の温度差が0になるようにセルのいずれか一方のヒーターに電流を流す．参照セルに入れる水は測定ごとに交換する必要はない．

（b）電流値の時間積分から試料分子とリガンドの結合に伴う発熱または吸熱を滴定ごとに記録．

（c）滴定データをプロットして相互作用に関する3つのパラメータ，*N*, *K*, Δ*H* を決定．

成などの違いにより，混合熱や希釈熱が発生することに起因）ので，透析などにより溶液条件をなるべく揃えておく．そのうえでリガンドを含まない溶液を滴定するブランク測定を行って相互作用以外の要因による熱量を補正する．

　図6.4cに示すように滴定曲線の縦軸は1回の注入における熱量をそのときに注入したリガンドのモル数で割った値（単位 J mol⁻¹），横軸はそのときまでに注入したリガンドの総モル数を試料セル中の分子のモル数で割った値（モル比）をプロットする．理論曲線にフィッティングすることで，1分子あたりの結合部位の数 N，相互作用の強さ（結合定数 K），結合に伴うエンタルピー変化 ΔH を計算する．一般に決定可能な結合定数は $10^3 \sim 10^8$ M⁻¹ の範囲にある．結合定数 K と ΔH から，$\Delta G = -RT \ln K = \Delta H - T \Delta S$ の関係式（式1.4，式1.15，R は気体定数，T は絶対温度）を用いて，エントロピー変化 ΔS を計算する．さらに複数の温度で ΔH を測定して相互作用に伴う熱容量変化 $\Delta C_\mathrm{p} = \mathrm{d}\Delta H/\mathrm{d}T$ を得る．$\Delta C_\mathrm{p} < 0$ の場合，疎水相互作用が重要なはたらきをしていると推定でき，リガンドとの結合によりタンパク質の内部に埋もれる疎水残基の数に比例する．可能なら試料セル分子と滴定するリガンドを入れ替えた逆滴定の実験で結果が一致することを確認したい．得られる熱力学的パラメータは高分子と有機小分子の相互作用の場合は比較的解釈しやすいが，高分子どうしの相互作用では，コンホメーション変化や水和の問題があって解釈が簡単でないことが多い．

[**長所**] 熱力学的パラメータを直接決定できる．対象分子およびリガンド分子をともに固定化や標識などを行う必要がなく，実験手法としてこれらの要因による悪影響の心配がない．

[**短所**] 比較的多量の試料を必要とする．リガンド溶液体積は試料体積に比べてかなり小さく抑える必要があり，高い濃度まで濃縮し

なくてはならない．溶解度の点から難しい場合がある．

[装置] 試料セルの体積は MicroCal 社（現在は GE Healthcare 社）の VP–ITC では 1.4 mL，MicroCal ITC$_{200}$ では 0.2 mL である．

6.6　分　光　法

　分光法（spectroscopy）とは，調べたい物質と電磁波との相互作用の程度を電磁波の波長の関数として表す測定方法である（図 6.5）．波長を横軸，相互作用の大きさを縦軸としたプロットを**スペクトル**（spectrum，複数形 spectra）とよぶ．分光法は用いる電磁波の波長の短いほうから，ガンマ線，X 線，紫外線，可視光，赤外線，電波による手法に分類される（図 6.5）．電波はさらにマイクロ波，ラジオ波，長波などに分ける．波長域によっては発生と検出が困難なために利用が遅れている領域がある．テラヘルツ波はその例であり，波長 300 μm，周波数 1 THz（10^{12} Hz）前後の電磁波は赤外線と電波の中間領域にある．

6.6.1　紫外可視分光

　紫外線（ultraviolet：UV）は波長域 200〜360 nm の電磁波，可視

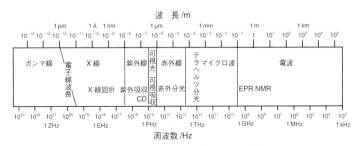

図 6.5　電磁波の種類と対応する分光法

光（visible：VIS）は波長域 360〜780 nm の電磁波をさす．物質に紫外線・可視光を照射すると，電子が**基底状態**から励起されて高エネルギー状態に**遷移**する．入射光の波長を少しずつ変えながら，試料の吸収強度を測定することで，試料に含まれる成分の同定と定量を行う．ある物質の溶液（モル濃度 c）に強さ I_0 の光を透過させたとき，透過光の強さを I とすると，**吸光度** $A = \log (I_0/I)$ と定義する．光路長 l のときの吸光度は，$A = \varepsilon c l$ で表せる．この関係式を**ランベルト・ベールの法則**とよぶ（§4.1）．ε は**モル吸光係数**で，単位は $M^{-1} cm^{-1}$ である．ε の値は波長により異なり，たとえば，280 nm の紫外線に対する ε の値を ε_{280} と記す．吸光度 $A > 2$ のときは透過光の強度が入射光の 1% 以下の非常に弱い光になるため測定誤差

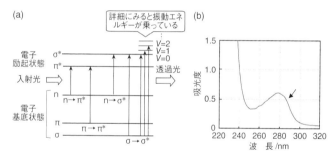

図 6.6　紫外可視分光法

（a）紫外可視光吸収のエネルギーダイアグラム．σ は σ 結合軌道の電子状態，π は π 結合軌道の電子状態，n は非共有電子対の電子状態．π*, σ* は反結合軌道の電子状態（励起状態）．n* は存在しない．σ→σ*，n→σ*，π→π*，n→π* の遷移で光の吸収が起こる．励起状態には分子内振動のエネルギーが乗っていて，電子状態の変化に振動状態の変化が加算される結果，吸収スペクトルの幅が広くなる．V は振動量子数．励起エネルギーは熱として放出されて基底状態にかえる．

（b）タンパク質の紫外吸収スペクトルの例．220 nm 付近の強い吸収はペプチド結合に由来．多数の Trp と Tyr の吸収スペクトルが重なりあい 280 nm 付近に極大をもつ．290 nm 付近の肩（矢印）は Trp に由来．

が大きくなる．したがって，吸光度が2を超える場合は，溶液を希釈するか，光路長を短く（1 cm →1 mm）して再測定する．

タンパク質に含まれる**芳香族アミノ酸**の Trp と Tyr は 280 nm 付近の紫外線を吸収するが（図 6.6），Phe と His の寄与は無視できる（巻末付表2）．タンパク質のアミノ酸配列が既知ならば，Trp と Tyr の個数からモル吸光係数 ε_{280} を計算できる．2個の Cys の間にできるジスルフィド結合も弱く吸収する．分子量 M_p のタンパク質が濃度 1 mg mL^{-1} のとき $A_{280}=\varepsilon_{280}/M_p$ である．厳密には ε_{280} の値は溶液条件で変化するが，Trp を1個以上含むタンパク質の A_{280} から計算した濃度は通常の生化学実験に十分に使える．Trp がなく Tyr しかない場合は誤差が 10% 程度，両方ともない場合は他の定量法を用いる．合成ペプチドなどの場合，粉体を秤量してから溶かすことで濃度を決定するが，定量のために Trp や Tyr をアミノ酸配列中に余分に導入してもよい．タンパク質の混合物では，$A_{280}=1$ のとき約 1 mg mL^{-1} として計算する．ヘム，フラビン，ヌクレオチド，非ヘム鉄など可視光を吸収する補欠分子が結合したタンパク質は可視光の補色の色に着色する．たとえばヘムでは電子状態や配位構造を鋭敏に反映して可視スペクトルが変化する．

核酸は塩基が 260 nm 付近に大きな紫外吸収をもつから，各塩基の数から ε_{260} を計算する．DNA と RNA では計算式が少し異なる．DNA や RNA が高次構造をもつと，塩基どうしがスタッキングすることで吸光度が小さくなるので，高温または酵素消化で高次構造を破壊して濃度を正確に決定する．塩基組成が不明な場合は大まかに $A_{260}=1$ のとき，二本鎖 DNA なら 50 µg mL^{-1}，一本鎖 DNA なら 33 µg mL^{-1}，一本鎖 RNA なら 40 µg mL^{-1} とする．核酸はタンパク質よりモル吸光係数が大きいから，タンパク質中の少量の核酸の混入を検出できる（$A_{260}>A_{280}$ ならば核酸の混入を疑う）．通常のタンパ

ク質や核酸は 300 nm より長波長側に吸収をもたない．長波長側
(300〜350 nm)にすそを引くスペクトルとなった場合は大きな凝集
体をつくって散乱が起きていると推定できる．同様に大きな粒子が
懸濁された溶液は可視光を散乱する．これを利用すると大腸菌など
の菌体培養の際に細胞の濃度を推定できる．波長 550〜600 nm の
波長を用いて散乱強度を OD_{600}（optical density）などと記す．

[**長所**] 紫外可視光吸収スペクトルの測定は簡便で，利用は濃度決
定だけにとどまらない．スペクトルの形状は核酸の混入や凝集体形
成などに関する貴重な情報を与える．

[**短所**] 複数の Trp 残基と Tyr 残基があると，それぞれの紫外吸収
のピーク幅は広いので重なり，個別の情報を分離できない．

[**装置**] 従来型の分光光度計では，試料は水晶（UV と VIS 両方）ま
たはガラス（VIS のみ）のセル容器（キュベット）に入れて測定を
行う．セル断面は $1×1\,cm^2$ の正方形で，2〜3 mL の試料溶液が必
要である．最近は 2 つの面に挟まれてできる液柱（高さ 1 mm）に，
光ファイバーで入射光を導入して測定する方式の装置が汎用され，
必要な試料体積は 1〜2 μL と格段に少ない．さらに濃度が高く吸光
が大きすぎる場合に光路（液柱の高さ）を自動的に短くする仕組み
があって，希釈の手間が省けるなどの利点がある．反面，試料ド
ロップがすぐに乾燥してしまうので，正確な吸光スペクトル測定や
経時変化，温度変化を追う実験には従来形の分光光度計を使う必要
がある．

[**問題 6.2**] 紫外可視吸収を少しずつ条件（pH やリガンド濃度）を変
えて多数回測定してスペクトルを重ね合わせる実験を考える．複数
の曲線がある波長で 1 点に交わるとき **等吸収点**（isosbestic point）と
いう．等吸収点が 2 点以上存在することもある．等吸収点の存在は
平衡に 2 つの状態しかないことを示唆することを示せ．

[**解**] スペクトルの形の変化は物質に複数の状態があり，条件変化に

より平衡が変化して各状態の濃度が変化したことに起因する．波長λにおける吸光度Aは3状態の場合は，

$$A(\lambda) = \varepsilon_1(\lambda)c_1 + \varepsilon_2(\lambda)c_2 + \varepsilon_3(\lambda)c_3$$

で表される．波長λ_0で等吸収点になるためには，どのような濃度c_1，c_2，c_3の組合せに対しても吸光度が一定になることを保証するために，$\varepsilon_1(\lambda_0) = \varepsilon_2(\lambda_0) = \varepsilon_3(\lambda_0)$ が成立しなくてはならない．これはよほどの偶然がなければ起こらない．これに対し，2状態しかなければ$\varepsilon_1(\lambda_0) = \varepsilon_2(\lambda_0)$ の条件だけでよく，どこかの波長で普通に起こりうる．

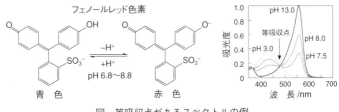

図 等吸収点があるスペクトルの例

6.6.2 赤外分光

物質に赤外線を照射すると，分子内振動を励起し吸収される．そのため**赤外分光**（infrared spectroscopy：**IR**）は**振動分光**ともいう．透過または反射した光量の測定で吸収量を測定する（図6.7 a）．横軸に波長または**波数**（wavenumber）を，縦軸に透過率，反射率，または吸光度をプロットしたものを赤外スペクトルという（横軸は波数$= 2\pi/$波長で表示するのが一般的，単位はcm^{-1}，図6.7 b）．分子内振動とはおもに共有結合の伸縮や変角である．伸縮や変角の振動を比喩的に基本音という．エネルギーが少し大きい近赤外領域（可視光領域に近い$800 \sim 2500$ nm）では複数の振動の組合せに由来する吸収，つまり倍音とか結合音といわれる吸収が多い．また，可視光に近いので電子状態の遷移に由来する電磁波の吸収も含まれ

る．赤外吸収は振動に伴って電気双極子モーメントが変化する場合に起こるので，振動で双極子モーメントが変化しなければ赤外吸収は生じない．N_2 などの等核二原子分子がその例である．物質の赤外吸収スペクトルは固有のパターンを示し，官能基の定性分析や化学構造の情報が得られる．透過法で測定した吸光度は濃度に比例するため定量分析もできるが，反射法による測定では光の多重散乱などが起こるため定量には使えない．赤外スペクトル中の吸収線をバンドといい，水の $O-H$ 変角振動バンドなどという．タンパク質の赤外吸収スペクトルでは，1500〜1700 cm^{-1} の範囲にペプチド結合に特異的な吸収帯があり，とくにアミドⅠ（1600〜1700 cm^{-1}）というバンドは $C=O$ の伸縮振動に由来する．二次構造の違いによりバンドの波数位置が異なるため，アミドⅠバンドを複数のバンドの重ね合わせとして解析することで二次構造含量を推定できる．

[**長所**] 赤外分光は他の分光法に比べ感度が高い．赤外吸収の影響は瞬時に消失するので，ps（ピコ秒，10^{-12} s）刻みの時間分解測定

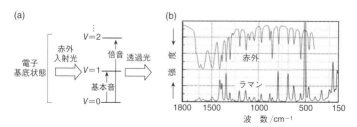

図 6.7 赤外分光法
（a）赤外吸収のエネルギーダイアグラム．V は振動量子数．分子内の振動に基づくエネルギー準位間の遷移により赤外光の吸収が起こる．
（b）シスチン（2つの ʟ-システインがジスルフィド結合で結合した分子）の赤外スペクトルとラマンスペクトル．赤外吸収では電気双極子モーメントの変化を，ラマン散乱では分極率の変化を測定するため，分子内振動ピークは同じ位置となるが強度が異なる．

もできる．試料形態や目的に合わせて適切な方法を選択すれば，有
機物や無機物の解析，ガス，液体など，さまざまな形態の試料に適
用できる．

[**短所**] 水の O−H 伸縮振動や O−H 変角振動がともにペプチド結
合に由来するアミドバンドと重なる．溶媒を重水に置換しても，タ
ンパク質のアミド水素も重水素に交換されるために問題は解決しな
い．

[**装置**] フーリエ変換赤外分光器（FT-IR）が主流で，透過光の測
定と**全反射吸収法**（attenuated total reflections：**ATR**）がある．後
者はプリズムに試料を密着させ，界面で発生する近接場光を使って
赤外吸収を測定する．試料が水溶液の場合，透過法では光路長を数
μm まで短くする必要があるが，ATR では近接場光の領域は厚さが
数 μm しかないため，溶媒である水の吸収の影響を小さくできる．

6.6.3　ラマン分光

　物質に光が当たって散乱を生じるとき，散乱光の一部が異なる波
長で散乱される現象を**ラマン**（Raman）**散乱**とよぶ．ラマン散乱光
は微弱で，入射光の約 10^{-6} の強度しかないから，強力な光源と適
切なフィルターを使って検出する．赤外吸収では分子内振動に伴う
電気双極子モーメントの変化を観測するのに対し，ラマン散乱は振
動に伴う分子の分極率（電場による電荷の偏り）の変化を観測する
点で，両者は相補的である（図 6.8 a，図 6.7 b も参照）．分子に対
称中心があると，各振動は赤外分光あるいはラマン分光のいずれか
のスペクトルのみに観測される．この現象を**交互禁制律**という．な
お，分子に対称中心があるとは，ある原子（x, y, z）に対し，も
う 1 つの原子が（$-x$, $-y$, $-z$）に常に存在するような対称性を
もつことをさす．入射光とラマン散乱光の波長の変化分を**ラマンシ
フト**という．短波長側へのシフトをアンチストークス（anti-

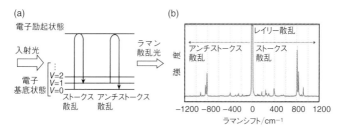

図 6.8　ラマン分光法

（a）ラマン散乱のエネルギーダイアグラム．異なる電子状態遷移を経て散乱が起こる．ストークス散乱では振動励起（$V=0\rightarrow1$）分だけ散乱光のエネルギーが減少する．アンチストークス散乱では振動緩和（$V=1\rightarrow0$）分だけ散乱光のエネルギーが増加する．

（b）ラマン散乱では入射光と散乱光の振動数の差から分子内振動に関する情報が得られる．ストークス線は基底状態から遷移が起こるため，関与する電子の数が多く，アンチストークス線より強度が強い．図 6.7 も参照．

Stokes）線，長波長側へのシフトをストークス線といい，両シフトが同時に起こる．ラマン測定では強い強度をもつストークス線を使う．横軸にラマンシフトの大きさ（波数，単位は cm^{-1}）の差，縦軸に散乱光強度をプロットしたものがラマンスペクトルで（図 6.8 b），他の吸収分光とは異なり，入射光の波長を任意に設定できる．通常は試料が吸収しない波長を用いるが，特別な場合として入射光の波長を色素などの吸収波長に近づけると，その電子遷移に対応する振動のラマン散乱強度が 1 万倍以上増大する現象が起こる．これを**共鳴ラマン散乱**（resonance Raman scattering）という．共鳴ラマン法を使うと有色タンパク質の場合，タンパク質や水のバンドを抑えて色素団の情報を選択的に測定できる．ヘム，レチナール，金属含有タンパク質などに有効である．

　タンパク質のラマン散乱では，ペプチド結合に由来するアミド I とアミド III バンドから二次構造がわかり，S−S や C−S 振動のラ

マン散乱からジスルフィド結合やメチオニン側鎖の構造，Tyr や Trp のラマン散乱から周囲の環境や水素結合の存在を推定できる．赤外吸収とは異なりアミド II バンドは弱くしか観測されない．

[**長所**] 固体，液体，気体あるいは粉末・結晶状態などの違いを問わず，特別な前処理をせずに測定ができる．

[**短所**] 感度がそれほど高くない．高感度測定には共鳴ラマン散乱法が有効である．

[**装置**] 光源としてレーザーを用いることが多く，レーザーラマン分光ともいわれる．光源の波長は紫外から近赤外までと広く設定できるが，それぞれの波長域に合わせた装置を使う必要がある．励起光として紫外線を使うタイプのラマン分光計を使うと，タンパク質のペプチド結合のアミド基や芳香族アミノ酸の側鎖の共鳴ラマンスペクトルを観測できる．顕微ラマン分光装置は顕微鏡と組み合わせることで，1 μm より小さな微小な領域の情報を取り出せる．

6.6.4 円二色性

円二色性（circular dichroism：**CD**）**スペクトル**はタンパク質の二次構造の簡便な推定法として有用である．生体関連分子はほとんどが鏡に映った自身の姿と自分の構造を重ねることができない構造をもつ**キラル**（chiral）分子で，その溶液に平面**偏光**を通過させると，偏光面の回転（旋光性）と**楕円偏光**になるという 2 つの現象が起こる（図 6.9 a）．偏光とは電磁波を構成する電場（または磁場）が 1 つの方向に揃った光で，**偏光板**（結晶軸や分子の軸が揃った物質からなる）を通過させてつくる．一定方向に振動する電場（または磁場）がつくる面を偏光面という．楕円偏光とは元の偏光面とは垂直の方向にも成分が生じることをさし，楕円偏光になる現象を円二色性（CD）という．偏光面の回転は光の吸収波長域の外側でも起こるが，楕円偏光は光が吸収される波長域内のみで生じる．

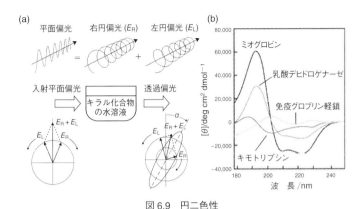

図 6.9 円二色性
(a) 原理. 右回りの円偏光 (E_R) と左回りの円偏光 (E_L) を足し合わせると平面偏光 (E_R+E_L) になる. 光学活性物質は右円偏光と左円偏光に対する吸収が異なる結果, E_R+E_L の軌跡が楕円形となる. この現象を円二色性とよぶ. 同時に軸が傾き (α), この現象を **ORD** (optical rotatory dispersion, **旋光分散**) とよぶ.
(b) タンパク質の CD スペクトル. ミオグロビンは α ヘリックス含量が高く, その CD スペクトルはダブルミニマムという特徴的な波形を示す.

　円二色性の大きさを表す**楕円率** (ellipticity, θ) は最初の偏光面の振幅と垂直な方向の振幅の比が $\tan\theta$ になるときの角度と定義し, **モル楕円率**は単位モル濃度と単位光路長あたりの楕円率 (単位は $\mathrm{deg\ cm^2\ dmol^{-1}}$, dmol＝0.1 mol) とする. タンパク質や核酸のような高分子では濃度としてモノマーの濃度を使う. 残基数を n とすると**平均モル残基楕円率** $[\theta]$＝モル楕円率 $[\theta]/n$ である. モル楕円率と平均モル残基楕円率はともに $[\theta]$ という記号で表すので注意. $[\theta]$ は波長に依存する. 入射偏光の波長と $[\theta]$ の値の関係は CD スペクトルとして表される. 鏡像関係にある2つのキラル分子の CD スペクトルは楕円率の絶対値が等しく逆の符号をもつから, CD スペクトルから D 体と L 体を判別できる.

　タンパク質の二次構造（αヘリックス，β構造，ターン，ループ
など，§2.3）は主鎖のペプチド結合に由来するので，ペプチド結
合の吸収に対応する185〜240 nmの波長域に注目する．それぞれ
の二次構造に典型的なCDスペクトルをアミノ酸のホモポリマーや
立体構造既知のタンパク質のCDスペクトルからあらかじめ推定し
ておく．それらの加重平均として二次構造含量を推定する．αヘ
リックス含量（f_{α}）は波長222 nmにおける平均モル残基楕円率
$[\theta]_{222}$を使い，計算式$f_{\alpha}=-([\theta]_{222}+2340)/30{,}300$ [Chen, Y-H.,
Yang, J. T., Martinez, H. *Biochemistry* **11**, 4120-4131（1972）] を
使って比較的正確に推定できる．αヘリックスが大部分を占めるタ
ンパク質やペプチドの場合，208 nmと222 nmに2つの極小値が
あるダブルミニマムという特徴的な波形になる（図6.9 b）．αヘ
リックス以外の二次構造推定の精度はさほど良くない．主鎖領域の
CDスペクトルは二次構造の推定以外にタンパク質のフォールディ
ングの研究や，熱安定性の研究にも使われる．一方，主鎖領域より
も長波長側の250〜300 nmの波長範囲のCDスペクトルは芳香族
アミノ酸側鎖に由来する．主鎖領域よりも2桁以上楕円率が小さ
いものの高次構造を鋭敏に反映するので，環境変化に伴うタンパク
質のコンホメーション変化の検出に使われる．

[**長所**] よいスペクトルを測定するために積算をすることが多いが，
それでも紫外吸収測定と同程度の手間と時間で簡便に測定できる．

[**短所**] タンパク質の二次構造はαヘリックス以外の推定精度がよ
くない．精度を上げるには，遠紫外（200 nm以下）領域の測定が
有効だが，空気中のO_2による吸収などがあり，測定が紫外領域に
比べ難しい．

[**装置**] CDスペクトルは分光測定の一種で，円二色性分散計（CD
spectropolarimeter）を用いる．空気中のO_2による入射光の吸収と

オゾン（O_3）の発生を避けるために，測定中は常に窒素ガスを光源と試料室に流す．タンパク質フォールディングの研究などでは時間変化を記録するために，ストップトフロー装置と組み合わせることが多い．

6.7　蛍　光

物質に光を照射すると電子状態が基底状態から励起状態に変化して光が吸収される．励起状態では分子内の振動によりエネルギーが熱として放出され，励起状態における最低振動レベルまで落ちる．次にこの最低振動エネルギー状態から基底状態に戻るとき，発光でエネルギーを放出する場合を**蛍光**（fluorescence）という（図6.10a）．発光過程はns（ナノ秒，10^{-9}s）程度と非常に速いが全過程の律速

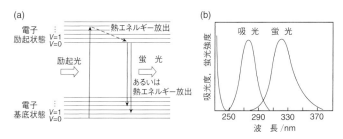

図 6.10　蛍光法

（a）蛍光現象のエネルギーダイアグラム．紫外・可視光を吸収して電子状態が基底状態から励起状態に遷移する．励起状態の中で振動エネルギーの最低レベルまで落ちたあと，蛍光を発して基底状態にもどる．蛍光を発しない場合は熱エネルギーを放出する．
（b）タンパク質の吸光スペクトルと蛍光スペクトルの例．蛍光励起スペクトルの形は吸収スペクトルの形とほぼ同じである．基底状態には分子内振動のエネルギーが乗っていて，電子状態の変化に振動状態の違いが加算される結果，蛍光スペクトルの幅は吸光スペクトルの幅より広くなる．

で，この時間を**蛍光寿命**とよぶ．蛍光が出ない場合，エネルギーは熱として放出される．発熱するか蛍光を発するかは確率的に決まり，蛍光が出る割合を**量子収率**（$0 \leqq \Phi \leqq 1$）という．蛍光色素としての1分子あたりの明るさは，吸光係数と量子収率の積になる．励起光に比べて蛍光のエネルギーは失った振動エネルギー分だけ小さいので，蛍光の波長は励起光の波長より必ず長い．励起光の波長を固定して，蛍光の波長に対し蛍光強度を測定したものが**蛍光スペクトル**（図6.10 b），蛍光の波長を固定して，励起光の波長に対し蛍光強度を測定したものを**励起スペクトル**という．励起スペクトルは吸収スペクトルに形が似ている．励起と蛍光の両スペクトルの極大波長から，それぞれ励起光と蛍光の波長の最適値を決め，2つの波長を明示して，たとえば $F_{555/570}$ のように表す．蛍光極大波長と吸収極大波長の差を**ストークスシフト**（Stokes shift）とよび，蛍光色素の種類により大きさが異なる．実用的な観点からはストークスシフトの値が大きいほうが使いやすい．蛍光測定では蛍光強度，スペクトル，蛍光寿命のほかに，蛍光偏光と蛍光共鳴エネルギー移動も測定できる．励起光に偏光を用いると蛍光も偏光となる．蛍光寿命の間に蛍光分子が回転すると，偏光も回転し，集団でみると偏光の度合いが低下する．これを**偏光解消**といい，蛍光色素あるいは蛍光色素が結合している生体分子の回転運動を測定することができる．蛍光共鳴エネルギー移動については§6.8で説明する．

　タンパク質の場合 Trp が蛍光をもつ．Trp の蛍光は周囲の環境の疎水性の増加に伴い，極大値が低波長側にシフト（ブルーシフト）し，強度が増加する．これを利用してタンパク質のコンホメーション変化やリガンド結合をモニターできる．ただし Trp が複数あると，蛍光変化の度合いが相対的に小さくなる．Trp の励起に280 nm の励起光を用いると，Tyr も紫外光吸収を起こし，Tyr → Trp の蛍

光共鳴エネルギー移動が起こる．これでは Trp に特異的な情報が得られないので，Tyr 励起の影響を減らすため 295 nm の励起波長を用いることが多い．補欠分子やリガンドが結合している場合は，それらの蛍光をプローブとして，コンホメーション変化，リガンド結合，酸化還元状態などのモニターに使える．

[長所] 測定感度が高い．蛍光をもたない分子でも，蛍光標識や蛍光タンパク質と融合することで，蛍光測定を利用できる（§6.9）．

[短所] 光を当てると蛍光色素の損傷が起こる．シャッターなどを使って損傷を最小限に抑える必要がある．蛍光は温度の影響を受けるので温度管理も必要である．

[装置] 定常蛍光測定装置と時間分解蛍光測定装置がある．定常蛍光測定装置は光源からの連続光を回折格子などで分光し，スリットを用いて単一波長の励起光を取り出して，定常状態の蛍光を測定する．定常状態の蛍光から，蛍光強度，励起・蛍光スペクトル，定常蛍光偏光度を測定する．時間分解蛍光測定装置はパルス光や強度変調光を励起光として用いて蛍光の時間変化を測定する．時間分解蛍光スペクトル，蛍光寿命，時間分解蛍光偏光解消を測定する．

6.8 FRET

蛍光体の近くに別の色素があるとき，蛍光体を光励起すると第2の色素に励起エネルギーが移動する現象を**蛍光共鳴エネルギー移動**（fluorescence resonance energy transfer または Förster resonance energy transfer：**FRET**）という．第1の蛍光体をドナー（供与体），第2の色素をアクセプター（受容体）とよぶ（図 6.11 a）．FRET ではドナーの蛍光が減少し，アクセプターが蛍光体の場合はその蛍光が観測されるが，蛍光体でなければドナーの蛍光強度を減らすだけなので，クエンチャー（消光体）という．多くの人がドナーから飛

び出た蛍光フォトンがアクセプターに再吸収されてエネルギー移動が起こると誤解しているが, 実際は FRET は双極子相互作用により無放射的に起こる. その証拠にドナーとアクセプターの間に他の色素体が存在しても FRET は起こる. FRET 効率 E を式6.1で表す.

$$E = 1 - \frac{I'_D}{I_D} = \frac{1}{1 + \left(\dfrac{r}{R_0}\right)^6} \tag{6.1}$$

I_D と I'_D はそれぞれ FRET がない場合とある場合のドナーの蛍光強度, r は蛍光体間の距離, R_0 は E が50%になる距離でフェルスター (Förster) 距離という. E は r に依存し, $r = R_0$ 付近から急激に減少して $r = 2R_0$ でほとんど0になる (図6.11 c). R_0 は2〜6 nm 程度で, タンパク質分子サイズの物差しとしてちょうど良い距離である. R_0 は2つの蛍光体の相対角度によっても変化し, 通常は2つ

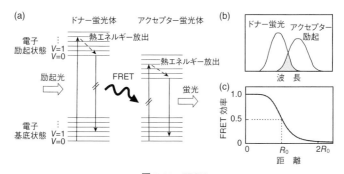

図6.11 FRET

(a) FRET 現象のエネルギーダイアグラム. 斜め二重線は2つのエネルギー差が等しいことを示す.

(b) ドナー蛍光体の蛍光スペクトルとアクセプター蛍光体 (あるいは消光体) の励起スペクトルの重なりの大きさに比例して FRET が起こる.

(c) フェルスター曲線. 2つの色素体間の距離が長くなると, FRET 効率は R_0 付近で急激に減少する.

の蛍光体が互いにランダムに配向していると仮定した平均値を用いる．効率的にFRETを観測するには，(1) 選択励起のためにドナーの励起スペクトルとアクセプターの励起スペクトルが十分離れている，(2) 効率的なエネルギー移動のためにドナーの蛍光スペクトルとアクセプターの励起スペクトルの重なりが大きい（図6.11 b），(3) 切れのよい観測のためにドナーの蛍光スペクトルとアクセプターの蛍光スペクトルが十分に分離していることが条件となる．

　FRET利用の歴史は長いが，蛍光タンパク質の利用やDNA操作によってタンパク質の任意の位置に蛍光体を導入できるようになり有用性が増した．FRETを使うと2分子間相互作用を測定できる．一方の分子にドナーを他方にアクセプターを連結し，蛍光顕微鏡と組み合わせると，生きた細胞内で2つの分子が10 nm以内に近接したことを知ることができる．これを**FRETイメージング**とよぶ．1分子内にドナーとアクセプターを同時に導入してFRET変化を見ると，タンパク質のコンホメーション変化を検出できる．1分子内FRETの巧みな応用例として，カルシウムイオンセンサーの開発がある．2つの蛍光タンパク質CFP（cyan fluorescent protein）とYFP（yellow fluorescent protein）の配列の間にカルモジュリン（CaM）配列とそのリガンドのM13というペプチド配列を挟み込んだポリペプチド鎖がデザインされた．Ca^{2+}がCaM部分に結合するとM13ペプチド部分がCaMに結合してコンホメーションが変化し，CFPとYFPの距離が近くなってCFPからYFPへのFRETが起こる．細胞内のCa^{2+}濃度を測るセンサーとして使われる．

[**長所**] 10 nm（100 Å）以内の距離を測れるので応用範囲が広い．たとえば，FRETイメージングを使うと単に2種の分子が同じ場所に共局在しているのか，近距離にあって相互作用しているのかを区別できる．

［短所］FRET 実験のデザインとして蛍光標識が鍵となるが，技術的に難しいことが多い．たとえば，1分子内FRETでは2つの異なる蛍光色素を分子内の2カ所に適切に配置しなくてはならない．**試験管内**（無細胞）**タンパク質合成系**を使うなど，高度な実験手法が必要になる．

［装置］溶液のFRETは通常の蛍光分光光度計で測定し，細胞内で測定するには蛍光顕微鏡と組み合わせる．とくにFRETイメージングと1分子計測を組み合わせる場合は高度な技術が必要となる．

6.9　蛍光標識または蛍光ラベル

　蛍光をもたない生体分子に蛍光有機小分子を共有結合させる操作を**蛍光標識**（fluorescent labeling）といい，蛍光有機小分子を**蛍光プローブ**（fluorescent probe，probe＝探針）という．励起光による蛍光色素のダメージを避けるためと生体試料の自家蛍光を避けるため，励起光と蛍光はなるべく長波長が望ましい．蛍光プローブでは，関与する共役二重結合の数が多いほど励起光と蛍光は長波長側にシフトする．蛍光プローブには有色なものが多いが，赤外蛍光をもつ場合は無色である．フルオレセインやローダミンの誘導体が蛍光プローブとしてよく使われる（図6.12 a）．

　蛍光プローブとして，量子ドットと蛍光タンパク質も利用される．**量子ドット**（quantum dot，Qドット）は原子が数百から数千個集まった直径約10 nmの小さな粒子で，半導体の性質をもつ塊である．粒子内部には量子効果によって電子が閉じ込められている．表面は親水性にポリマーコーティングして水に馴染むようにしてある．退色しない，蛍光強度が高いなどの利点をもち，露光時間が長い三次元蛍光イメージングに使われる．

　蛍光タンパク質の歴史はオワンクラゲからの**緑色蛍光タンパク質**

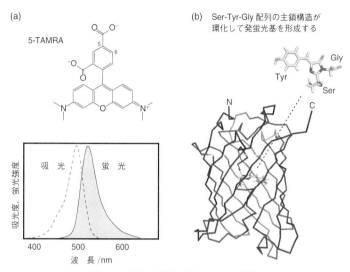

図 6.12　蛍光有機小分子と GFP の構造

（a）蛍光有機小分子の一例，5-TAMRA（5-カルボキシテトラメチルローダミン）．5-TAMRA の吸光および蛍光スペクトルも示す．なお，市販品の多くは 5-TAMRA と 6-TAMRA の混合物である．化学構造に共役二重結合が多数含まれるのが蛍光有機小分子に共通した特徴である．

（b）GFP の立体構造と発蛍光基の化学構造．発蛍光基は疎水的環境にあることが蛍光発生に必要で，酸変性で GFP の立体構造を壊すと発蛍光基の蛍光が失われる．（カラー図は口絵 4 参照）

（green fluorescent protein：**GFP**）の発見に始まる．GFP は 238 アミノ酸残基，27 kDa の単純タンパク質で，高濃度ではラインマーカーのようなきれいな蛍光を発する．Ser–Tyr–Gly 配列が自発的酸化反応で環化して発蛍光基をつくる（図 6.12 b）．GFP は β バレル構造（図 2.14 d）で Ser–Tyr–Gly を含むセグメントが円筒内部にあり，化学反応に適したコンホメーションをとるために環化反応が起きて，発蛍光基を生じる．補欠分子を必要としないため，細胞内で

遺伝子から GFP を発現すると蛍光を出す．ただし，発蛍光基の形成には酸素が必要とされ，比較的遅い反応である．GFP の有用性が見い出された後，いろいろな生物種を用いた探索とアミノ酸変異の導入により，多様な特性をもつ蛍光タンパク質が発見，デザインされ，広く使われている．

蛍光には退色と点滅の問題がある．退色（**ブリーチング**）とは長時間励起光を当てると蛍光色素が損傷し蛍光が消えることで，1分子測定では 10 s 程度の寿命しかない．バルク測定でも光損傷のため蛍光強度が低下するので，測定中にセル内を撹拌するなどの配慮が必要である．蛍光有機小分子や蛍光タンパク質と異なり，Q ドットは退色しない．

点滅（**ブリンキング**）とは蛍光が突然の消失と再発光を繰り返す現象で，蛍光タンパク質や Q ドットでは顕著，蛍光有機小分子も種類によっては起こる．細胞や生体へ導入したときの毒性にも注意が必要で，Q ドットは細胞毒性が強いといわれる．最近，**ダイヤモンドナノ粒子**が退色や点滅がない蛍光プローブとして注目されている（§6.10）．ダイヤモンドに窒素-空孔欠陥があると赤外領域に蛍光をもつ．細胞の自家蛍光波長とは重ならないためイメージングに適している．

蛍光有機小分子はタンパク質に共有結合で固定される．まず，蛍光色素にリンカーという短い鎖状部分を介して反応選択性の高い官能基をあらかじめ付加しておく．タンパク質側の官能基としては，Lys の ε-アミノ基，N 末端の α-アミノ基，Cys のメルカプト基（SH 基）がよく使われる．とくに Cys は比較的まれなアミノ酸なので，もともと存在する全 Cys 残基を他のアミノ酸に置換後に，Cys 残基を任意の位置に再導入する方法がよく使われる．アビジンまたはストレプトアビジンとビオチンは非共有結合だが非常に強く結合す

る．これを利用し，有機蛍光分子やQドットをタンパク質に固定
する．そのほか，いろいろな方法が考案されている．酵素と基質ア
ナログとの間の共有結合形成を利用するHaloタグ（プロメガ社）
やSNAPタグ（New England Biolabs社）とよばれる人工酵素基質
がある．最近ではクリックケミストリー（click chemistry）を使っ
た方法も広く使われる．代表的なクリック反応は，アジド（$-N_3$）
とアルキン（$-C\equiv C$）の間の銅触媒による付加環化反応である．

アルキン基またはアジド基はオリゴヌクレオチド合成やペプチド合
成時に導入できる．DNAやRNAは修飾したヌクレオチドを取り込
ませて酵素的に合成できる．タンパク質では試験管内（無細胞）タ
ンパク質合成系を用いて修飾アミノ酸として導入するか，アミノ基
やメルカプト基に共有結合を用いて導入する．

6.10 1分子計測

　対象となる生体分子を蛍光プローブで1：1のモル比で標識し，
1分子に由来する蛍光を顕微鏡でリアルタイムに観測する手法を
1分子計測（single molecule measurement）または**1分子追跡**（single
molecule tracking）という．蛍光プローブの輝点の位置，強度，偏
光，蛍光スペクトルなどから，対象となる分子の位置や角度の情報
や，他の分子との相互作用に関する情報を得る（図6.13 a）．試験
管内または細胞内で観察できる．細胞内観察の場合は**1分子観察**
または**1分子イメージング**ともいう．広義には1分子感度で検出

できれば蛍光測定に限らない。原子間力顕微鏡（§6.11）による 1
分子観測や金ナノ結晶の X 線回折を利用する方法は実用段階にあ
るが，この方法では細胞内にある 1 分子の観測はできない。最近，
ダイヤモンドの窒素‒空孔に由来する蛍光と EPR（§6.12）を組み
合わせた 1 分子測定の試みがある。ダイヤモンドナノ粒子を使え
ば，試験管内だけでなく，細胞内 1 分子観測も可能になる。

集団計測で解離や会合の速度を測定するには，解離・会合過程を
同期する，または一方を固定するなどの処置が必要である。SPR
法（§6.4）は後者に相当する。1 分子計測ではたくさんの分子につ
いて個別に測定し，データ処理の段階で集団として統計的に解析す

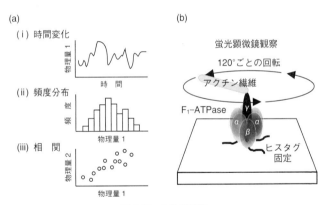

図 6.13　1 分子計測
（a）1 分子計測では多数の "異なる" 1 分子に対する測定を繰り返し，得ら
れたデータを統計処理することで通常の集団平均測定からでは得られない情
報を得る。（i）時間変化：物理量の時間的な変動（揺らぎ）を観測。（ii）頻
度分布：寿命や反応速度などの物理量の統計分布や不均一性を調べる。（iii）
相関：複数の物理量の間にある関係性を明らかにする。
（b）ATP シンターゼの γ サブユニットの回転を示す実験。F_1-ATPase 部分を
基板上に固定し，γ サブユニットに固定したアクチン繊維の長い棒が回転す
る様子を蛍光顕微鏡で観察。120° を単位として回転した。

る（図6.13 a）．集団計測では平均値しかわからないが，1分子計
測では平均値に加えて，分布や揺らぎを直接見ることができる．こ
れは本質的に新しい知見である．たとえば，動きがときどき停止す
る時期がある場合，集団の平均値を見ていると単なる拡散速度の減
少と解釈されてしまう．

　蛍光色素の位置の精度は熱運動（ブラウン運動）と顕微鏡光学系
の制限を受ける．生体分子が静止した輝点として観測できるために
は，その分子が基板，生体膜，細胞骨格などと相互作用して運動が
遅くなる必要がある．輝点の位置精度は原理的に光の波長の半分を
超えることはなく，100 nm 程度が限界である．なお，最新の手法
である**超解像イメージング技術**を用いると光の回折限界を超えて
10 nm の位置精度で蛍光像が得られるが，試料が固定されて動か
ないこと，長時間の測定が必要，などの制約がある．この方法はリア
ルタイム計測を目指す1分子計測とは対極にある手法である．

　1分子計測の代表例としては，ミトコンドリア内膜の ATP シン
ターゼの γ サブユニットの回転を示した実験がある（§4.4）．ATP
シンターゼは $\alpha_3\beta_3$ リングの中央に γ サブユニットが貫通した構造
をもつ（図4.7）．回転を検出するには，酵素分子の固定と，蛍光標
識の導入が必要である（図6.13 b）．まず，リング部分に His タグ
（§6.1）を導入，これを特異的に吸着するガラス表面に吸着させ，γ
サブユニットには蛍光標識したアクチンフィラメントの細長い棒を
結合させた．こうすれば γ サブユニットの回転運動はアクチン棒の
動きとして蛍光顕微鏡で拡大してリアルタイム観察できる．これに
より3個の β サブユニットの活性部位で ATP の加水分解と共役し
て γ サブユニットが 120° 回転すること，エネルギー変換効率が
100% に近いことが示された．

[**長所**] 通常の計測で得られる平均値の時間変化では得られない種

類の新しい情報が得られる．たとえば，全体平均では2つの集団
があることはわからないが，1分子測定で多数を集めて分布を見る
と2つの山が出てくる．個体差や数値の時間変化を見ることによ
る揺らぎの検出も新しい情報である．

[**短所**] 1分子から得られるシグナルは弱いのでノイズが問題．統
計処理のために多数の1分子計測データが必要で，時間や労力が
かかる．1分子計測は高度な技術要素の集積でのみ可能になる．実
験ごとに求められる技術の種類が異なり，自作の装置や解析ソフト
ウエアが必要な高度に専門的な方法で，汎用的な方法ではない．

[**装置**] 全反射蛍光顕微鏡とよばれる特殊な照明法の顕微鏡を使用
する．試料を置いたガラス基板に下からレーザーを全反射するよう
に斜めに当てる．すると厚さ 0.1 μm 程度の光がしみ出した近接場
ができる．近接場の中にある蛍光分子のみが励起されるので，溶液
中にある蛍光分子や自家蛍光に由来する背景光が大幅に減少する．

6.11 原子間力顕微鏡

原子間力顕微鏡 (atomic force microscope：**AFM**) は**探針** (プ
ローブ) とよばれる細い針を試料にわずかに接触させるか，ぎりぎ
りまで近づけて，針先と試料の間にはたらく原子間力を検出する装
置である (図 6.14 a)．対象分子は**基板** (substrate) とよばれる平面
に固定する．探針は**カンチレバー**というバネの先端に接着されてい
て，カンチレバーのたわみが一定になるように探針と試料の間の距
離をフィードバック制御して試料の高さ (Z 軸) を測定する．基板
を水平方向 (X 軸と Y 軸) に動かして走査することで，試料の表面
の形状を画像化する (図 6.14 b)．水平方向の位置精度はタンパク
質分子の形を大まかに画像化できる程度だが，高さ方向の精度は数
Å 程度と非常によい．基板は平面性が重要で，通常は雲母を用い

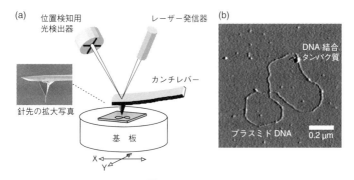

図 6.14 AFM
(a) 原理. カンチレバーの先端はとても細い針で, これを基板上に置いた試料に接触させる場合と, 原子間力がはたらく程度まで近づける場合がある. カンチレバーにレーザー光を当てて反射させ, 針と試料の間にはたらく原子間力をカンチレバーのたわみとして検出する. 基板を水平方向に動かす.
(b) 試料の高さを二次元表示して AFM 像を得る. 図は環状プラスミド DNA とそれに結合したタンパク質.

る. DNA 分子は正電荷の雲母にそのまま吸着する. タンパク質では, タグの導入と基板の表面化学修飾を適切に行い, 方向性などを制御して対象分子を基板に固定する. 基板上の試料は水中に置いたまま測定できるので, AFM は生物学と相性がよい.

　従来の AFM は 1 枚の画像を得るのに数分程度の時間を要したが, **高速 AFM**（high speed AFM）という最新機器では 30 ms 程度で, 分子形の変化をビデオレートでリアルタイム観測できる. 高速 AFM を使えばタンパク質分子の動きを可視化でき, 新発見が相次いでいる. 良い例がアクチン線維に沿って移動するミオシン V 分子の動画である. ミオシン V は細胞内で物質を入れた小胞を運ぶはたらきをもつ. ミオシン V はアクチン線維の上をまるで歩くように後足と前足を交互に出して進み, その様子が画像化された. さ

らに探針を用いて対象分子を触ったり，壊したりするなどの操作も行えるので，画像化を超えた応用が進んでいる．

[長所] 高速AFM装置を使うとビデオレートの動画を記録できる．水の中の状態の1分子計測ができる．膜タンパク質の場合，基板上に脂質二分子膜を再構成し，その中に埋め込んで観察できる．

[短所] 基板に対象分子を固定するとき，固定が不十分だと探針との接触で動いてしまい，固定しすぎると対象分子の機能を阻害する．

[装置] 高速AFMは金沢大学の安藤敏雄（Toshio Ando）が開発した．市販されている．1分子の実像をリアルタイムに見る方法としては，これほどの時間分解能をもつ装置はほかにない．光ピンセットなどの他の光学技術と組み合わせた装置の開発が進んでいる．

6.12 磁気共鳴（NMRとEPR）

原子中の原子核および電子は**スピン**（spin）という量子力学的な性質をもつが，原子核や電子が実際に自転（spin）しているわけではない（図6.15 a）．スピンはベクトルで表され，その長さはゼロを含む半整数（0, $\frac{1}{2}$, 1, $\frac{3}{2}$, 2, $\frac{5}{2}$, …）の値をとる．原子核は陽子および中性子の個数によって決まる独自のスピンをもつから，同じ元素の原子核でも同位体ごとに異なる．電子のスピンは$\frac{1}{2}$であるが，原子の中にある電子は軌道ごとにペアとして存在するために，2つのスピンが打ち消し合う．特別な場合として，遷移金属原子の中の**不対電子**（unpaired electron）として，あるいは**ラジカル**として存在している場合に電子スピンが観測できる．

核スピンや電子スピンは小さな磁石とみなせる．磁場の中に置くとスピンは磁場と相互作用して，複数のエネルギー状態に分かれる．これを**ゼーマン効果**（Zeeman effect）とよぶ（図6.15 b）．重

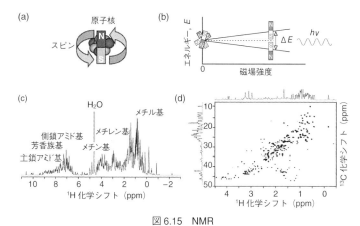

図 6.15　NMR

（a）原理．原子核はスピンによる小さな磁石と見なせる．

（b）磁場がないときは磁石の向きは決まっていない．原子核を磁場に置くと，スピン $I = 1/2$ の場合には 2 つの方向（上向きと下向き）をとり，それぞれ異なるエネルギーをもつ．エネルギー差 ΔE に相当する電磁波を吸収または放出する．

（c）タンパク質の一次元スペクトル（横軸は化学シフト，縦軸は強度）と

（d）二次元スペクトル（縦軸も横軸も化学シフト，強度は等高線として表す）の例．二次元スペクトルは ^1H–^{13}C 相関スペクトルともよばれる．タンパク質に含まれる共有結合している炭素原子と水素原子のペアに対し，クロスピーク（黒い点）が 1 つ観測される．

要な点はエネルギー値が量子化して不連続の値をとることであり，スピン $\frac{1}{2}$ の原子核や電子の場合は 2 つのエネルギー状態に分裂する．一般にスピン n の場合，エネルギー状態は $2n + 1$ 個に分裂する．スピン 0 ではゼーマン効果は起こらない．スピンは隣接した 2 つのエネルギー準位の差に相当する周波数の電磁波を吸収あるいは放出できる．この現象を**磁気共鳴**（magnetic resonance）とよび，その周波数を**ラーモア**（Larmor）**周波数**とよぶ．核スピンが関与する共鳴を**核磁気共鳴**（nuclear magnetic resonance：**NMR**，図

6.15), 電子が関与する場合を**電子常磁性共鳴**（electron paramag-netic resonance：**EPR**）または**電子スピン共鳴**（electron spin reso-nance：**ESR**）という．NMR に関与する電磁波の波長はラジオ波，EPR が関与する電磁波はマイクロ波の領域にあたる（図6.5）．したがって数ある分光法のなかで電磁波のエネルギーは非常に小さい．個々のスピンの磁力は弱いが，アボガドロ定数程度の集団のスピン磁力の総和は，試料の周りに配置したコイルに誘導起電力を生ずることができる．その強度は電磁波の吸収または放出に関与する2つのエネルギー状態にあるスピンの占有数の差（**偏極率**）によって決まり，エネルギーの差が大きいほど偏極率は大きい．ある磁場強度において，質量数1の水素 ^{1}H の原子核（陽子，プロトン）は原子核のなかで最大の偏極率をもつが，電子スピンの偏極率に比べると 1/660 にすぎない．通常の測定で EPR 装置は十分な感度をもつが，NMR の感度は低いことが多い．電子の大きな偏極率を原子核に移すことができれば，NMR の感度を大幅に高められる．この技術を**動的核偏極移動**（dynamic nuclear polarization transfer：**DNP**）というが，技術開発の段階にある．

[**問題 6.3**]　現在の NMR 装置のなかでも最高の磁場強度をもつ 1 GHz の磁石の中に入れた ^{1}H 原子核の偏極率を計算せよ．

[**解**]　NMR 用超電導磁石の強さは ^{1}H の共鳴周波数で表すのが慣例で，有機合成用には 300～400 MHz クラスが，タンパク質などの生体高分子解析では 500～800 MHz クラスが使われる．現在の最高磁場強度は900～950 MHz である．そこで 1000 MHz＝1 GHz＝10^9 s^{-1} の磁石を想定する．2つのエネルギー状態を A と B とし，それぞれの占有数を f_A と f_B，2つの状態のエネルギー差を $\Delta E = E_A - E_B$，とすると，ボルツマン分布の式 $f_A/f_B = \exp(-\Delta E/kT)$ が成り立つ（k はボルツマン定数，T は絶対温度）．$\Delta E = h\nu$ の関係式からエネルギー差を計算

する（h はプランク定数，ν は共鳴周波数）．$\Delta E = 6.63 \times 10^{-34}$ m^2 kg s$^{-1} \times 10^9$ s^{-1} をボルツマン分布の式に代入し，

$$\frac{f_A}{f_B} = \exp\left(-\frac{\Delta E}{kT}\right) = \exp\left(-\frac{6.63 \times 10^{-25} \text{ m}^2 \text{ kg s}^{-2}}{1.38 \times 10^{-23} \text{ m}^2 \text{ kg s}^{-2} \text{ K}^{-1} \times 300 \text{ K}}\right)$$

$$= e^{-0.00016} = 0.99984$$

偏極率はわずか 0.016% にすぎない．図 6.15 b を参照のこと．

核スピンではスピン $\frac{1}{2}$ の原子核の NMR シグナルが観測しやすい．幸い，生体分子を構成する元素のうち，^{1}H（同位体存在比 99.99%），^{13}C（1.1%），^{15}N（0.4%），^{31}P（100%）のスピンは $\frac{1}{2}$ である．^{1}H と ^{31}P は同位体存在比が 100% で測定感度が良いが，^{13}C と ^{15}N は同位体存在比が小さく観測が難しい．そこで，タンパク質生産のために菌体や細胞を培養するとき，[^{13}C]グルコースと塩化[^{15}N]アンモニウムを用いると，安定同位体標識したタンパク質を得られる．なお，安定同位体は放射能をもたないので通常の実験室で扱える．安定同位体標識は面倒だが，実は NMR の大きな特徴となっている．2 つのタンパク質からなる複合体があるとき，一方は無標識のまま，もう一方は安定同位体標識することで，複合体状態において一方のサブユニットを選択的に観測できる．

電磁波の吸収あるいは放出により，スピンの集団は熱的平衡状態からずれるが，時間が経つとふたたび熱的平衡状態へ戻る．この過程を**緩和**（relaxation）という．その際の時間スケールが重要である．スピン $\frac{1}{2}$ の核スピンは緩和時間が長い（ms～s）ため，NMR シグナルの幅が狭く，感度良く観測できる．さらに，長い緩和時間の間にパルスとよばれる短い時間幅の電磁波照射を多数回行うことで，核スピンの状態を自由に制御できる．電磁波パルスをうまく組み合わせたパルスプログラムを組むことで，核スピンの間の磁気的な相互作用を解析するための多次元 NMR スペクトルを測定できる

（図 6.15 d）．対照的に $I > \frac{1}{2}$ の電子スピンや核スピンは緩和時間が
短い（ns〜μs）ため，一次元スペクトルの利用が中心となる（図
6.15 c）．

　原子核と電子が原子を構成し，原子から分子をつくる．スピンは
小さな磁石として分子内または分子間で磁気的相互作用を起こす．
核スピンどうしの相互作用や電子スピンどうしの相互作用以外に，
核スピンと電子スピンの間の相互作用もある．原子核の周囲に分布
する電子が磁場を遮蔽するために，核スピンのゼーマン効果による
エネルギー分裂の幅がほんの少し減少する．その変化量を**化学シフ
ト**（chemical shift）とよぶ．変化はゼーマン効果を起こすために印
加している静磁場の強さの 10^{-6} 程度のため，化学シフトは ppm 単
位で表す．化学シフトの値はおもに化学構造（メチル基，アミド
基，芳香環など）で決まるが，空間的に近くにある他の原子の影響
も受ける．一定の強さの磁場内で照射する電磁波の周波数を少しず
つ変化させると，分子を構成する多数の原子核のそれぞれの化学シ
フトの位置で吸収が起こる．周波数を横軸，吸収強度を縦軸として
表したのが一次元 NMR スペクトルである．ただし，実際の測定で
は周波数掃引は行わず，パルスとよばれる短い電磁波を照射して磁
気共鳴信号を得，フーリエ変換することで一次元 NMR スペクトル
を得ている．

　核スピンどうしの相互作用は分類できる．代表例が **J カップリン
グ**（別名スカラーカップリングまたはスピンカップリング）と**核
オーバーハウザー効果**（nuclear Overhauser effect：**NOE**）である．
それぞれ共有結合電子（σ 電子）を介した核スピン間の磁気的な相
互作用と，空間を隔てた磁気双極子‒双極子相互作用による交差緩
和現象に基づく．J カップリングでは介在する共有結合が n 個の
場合に ^nJ と書き，n が増えると ^nJ の値は減少する．NOE の大き

さは2つの核スピン間の距離の6乗に反比例する．二次元あるい
は多次元NMRスペクトルは2つの核スピンのJカップリングや
NOEによる関係をクロスピークとして検出する手法である．多次
元NMRスペクトルによって核スピン間の関係を個別に取り出すこ
とができるようになって，タンパク質のような大きな分子に対して
NMRを適用することが可能となった（図6.15 d）．

　NMR解析は低分子量物質の化学構造決定に必須の分析法で，有
機合成過程の品質管理に欠かせない．生物学領域では糖鎖の化学構
造決定で必須の分析法である．タンパク質や核酸分子などの高分子
の立体構造の決定にも使われる．一般には**溶液NMR**（solution
NMR）を用いるが，**固体NMR**（solid NMR）の装置や手法を用い
て立体構造解析ができる．しかし，今のところ，膜タンパク質や生
体膜と相互作用するペプチド，アミロイドなどの凝集体などの特殊
な対象に限って用いられる．JカップリングやNOEはそれぞれ単
結合の周りの二面角や2つの水素原子の間の距離の推定に使える．
二面角や距離情報を多数集めて，それらを満たす立体構造モデルを
計算する．NMR構造計算では実験データに対する構造モデルの当
てはまりの程度をバイオレーション（violation，実験から得られた
距離と計算モデルの距離間のずれ）という数値で表し，これを最小
化するようにモデルを動かしていく．問題はバイオレーションがど
の程度まで小さくなったら計算が収束したと見なせるのかの理論的
根拠に乏しいことにある．NOEや二面角の個数が十分ではないの
で，一部をあらかじめ取り除いて計算に使わないX線結晶構造決
定手法で使われている検定方法も現実的でない．

　NMR構造計算ではNMRデータを同程度に満たす10〜20個程度
の構造モデルの集合として立体構造を表す．構造モデル間の違いを
RMSD（root-mean-square deviation）という数値で表す．主鎖原子

（C$_a$ 単独，または N，C$_a$，カルボニル基の C を使う）の平均 RMSD 値が 1 Å 以下なら構造モデルとして許容できるレベルの収束であり，0.5 Å 以下ならかなり良い．RMSD 値は X 線結晶解析の分解能とはまったく異なるパラメータであることに注意する．複数のモデルを重ねたときに末端やループ部分は重なりが悪く，いかにも水溶液中で揺らいでいる様子を表しているように見えるが，実際には NMR 情報の数が局所的に少ないことを意味しているにすぎない．構造が揺らいでいると NMR データが少なくなるが，他の要因でも同様なことが起こる可能性がある．以上のように NMR 構造計算は多少の問題を残しているが，結晶化が不要で，溶液中の立体構造を決定できることが大きな利点である．ただし，NMR スペクトルの感度は分子量の増大に従って急速に低下する．分子量の限界を超えるための **TROSY**（transverse relaxation optimized spectroscopy）という手法があり，汎用されている．それでもなお NMR を用いたタンパク質の立体構造決定は 250 残基程度（分子質量 30 kDa）を超えると急速に困難になる．最後に NMR は単なる立体構造決定のための手法ではなく，状態分析法として有用であることを強調しておく．純度の検定，アグリゲーション（非特異的会合）の検出，立体構造形成の有無の簡易検定，化学シフトを用いたリガンド滴定実験など多彩な用途がある．

　EPR（図 6.16）は有機分子に含まれるラジカルの検出に使われる．ラジカルの不対電子は不安定だが，安定に存在する不対電子もあり，電子伝達系タンパク質の金属クラスター中の安定な不対電子の検出，光化学反応中心やフェレドキシンなどがもつ鉄硫黄クラスターの解析に用いられる．安定な不対電子をもつ有機化合物をスピンプローブとして用いてタンパク質を化学修飾し，電子スピン周囲の磁気的な環境について情報を得ることができる．

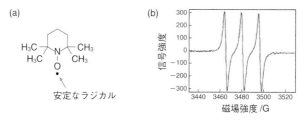

図 6.16　EPR
（a）TEMPO（2,2,6,6-テトラメチルピペリジン 1-オキシル）はニトロキシド
基をもち，安定ラジカルとしてスピンラベルに使われる．
（b）TEMPO ベンゼン溶液の EPR スペクトル．

[**長所**] 溶液 NMR ではピークの幅が化学シフトの分布幅より十分
小さいため，個々の原子核を個別に化学シフトの違いで見分けられ
る．すべての原子核をプローブにできる優れた分光法である．緩和
時間が長いスピン $\frac{1}{2}$ では，多次元 NMR スペクトルを使って 2 つの
原子核スピンの相互作用を個別に測定でき，水溶液状態でタンパク
質や核酸の立体構造を決定できる．EPR は感度が高くラジカル検
出などに役立つ．スピンプローブを蛍光標識のように使える．

[**短所**] NMR は感度が低いため，比較的多量の試料が必要となる．
分子量が増大するとピーク幅が増大する結果，感度が急激に低下す
る．EPR では寿命の短いラジカルを検出するには，凍結試料（液体
窒素や液体ヘリウム温度）として測定する．

[**装置**] NMR 装置は分光計と超伝導磁石から構成される．超伝導磁
石は液体ヘリウム温度で超伝導状態となったコイルに大きな永久電
流を流して強力な磁場を発生させる．液体ヘリウムタンクの周囲に
は液体窒素タンクがある．液体ヘリウムは高価で供給も不安定なた
め，液体窒素温度で超伝導になるような新しい超伝導材料の開発が
望まれる．超伝導磁石の中央は貫通した孔が開いており，プローブ
という検出コイルを組み込んだ検出器を挿入して使用する．注意す
べき点は，プローブの中に入れる試料は室温付近の温度にあり，超

伝導磁石の内部にあっても凍結していない．クライオプローブは検出コイルを極低温のヘリウムガスで冷却した特殊なタイプの検出器であり，ノイズを抑えることで高感度を図る．生物研究用のNMR装置では標準装備に近い．EPRの磁石は電磁石が使われる．

6.13 結晶作製

生体高分子は適当な溶液条件で結晶をつくり，その内部では複数の部位で互いに接触しながら三次元的に規則正しく並ぶ．結晶状態

コラム 5

インセルNMR法

生きた細胞中の生体高分子のNMRスペクトルを測定することを**インセル**（in-cell）**NMR法**という．安定同位体標識をすることで選択的に対象分子の測定ができるNMR検出の特徴を最大限に活かした *in vivo* 測定法である．細胞は大腸菌，アフリカツメガエル卵，哺乳類培養細胞などを用いる．あらかじめ安定同位体標識したタンパク質または核酸を調製する．細胞内に導入する方法には，膜透過性ペプチド（cell penetrating peptide）をタグとして付加する，毒素タンパク質ストレプトリシンO（streptolysin O）を使って細胞膜に孔を開ける，電気パルスで一時的に細胞膜に孔を開ける（electroporation）などの手法がある．NMR試料管に細胞懸濁液をそのまま入れて測定すると細胞は1h程度しか生存できない．そこで培養液を循環させるバイオリアクター型の装置を使うことが推奨される．インセル測定することで，細胞内タンパク質の立体構造，水素–重水素交換（H/D exchange）速度，他の分子との相互作用，酸化還元電位などに関する情報が得られる．細胞内は高濃度のタンパク質のスープといえる状態にあり，分子クラウディング効果（§6.17）などにより，希薄溶液と生体高分子は異なる挙動を取るとの考えが根底にある．

は**単位胞**（unit cell）の大きさと形（平行六面体の3辺の長さ $a, b,$ c とそれらがなす角度 α, β, γ）および単位胞中に存在する生体分子の相対配置（空間群）によって特徴づけられる．単位胞を繰り返して空間に充填することで結晶全体の構造が再現できる．生体高分子の結晶には隙間が多く，隙間には溶媒の水分子やイオンなどが充填しているので，結晶中の立体構造は溶液構造とほぼ同一とみなせる．

目安として1辺が 0.1 mm 程度の大きさの立体的な形の結晶が結晶構造解析に適している．針状結晶や薄い板状結晶の場合は結晶条件を改良して立体的な結晶にする必要がある．なお，結晶の大きさやエッジの鋭さなど実体顕微鏡でみた結晶の美しさと，X線を照射したときの結晶の質は相関がない．この経験則は結晶の外見は μm 程度の規則性を表しているのに対し，結晶の質は生体分子が原子レベル（Å）の位置精度で規則正しく並んでいることを反映していて，長さのスケールで大きな差があるためと説明できる．

生体高分子の結晶の作製手順（図 6.17）：なるべく高純度の生体高分子（タンパク質，核酸，タンパク質–核酸複合体など）の溶液を

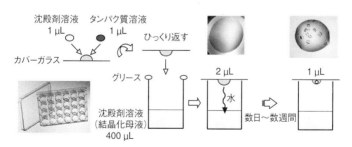

図 6.17 タンパク質の結晶作製法
蒸気拡散法の一種であるハンギングドロップ法．左下は結晶化用 24 穴プラスチックプレート．右上の2枚はハンギングドロップの顕微鏡写真．

用意する．濃度 10 mg mL^{-1} 程度が目安だが，もっと高濃度の溶液が簡単に調製できるなら，溶解度が高いことを意味するので希釈する必要はない．結晶が出る条件はあらかじめ予測できないので，過去に実績のある沈殿剤と結晶化条件の組合せを多数用意したスクリーニングキットの市販品（通常は 1 セットが 96 条件）を利用して結晶化条件を広く探索する．沈殿剤と混ぜた直後に沈殿が生じても問題ないことが多い．時間が経つにつれて沈殿が少しずつ溶けて結晶が成長することはしばしば起こる．幸運にも結晶が出た場合，その条件の近くを探索して，結晶形成に最適な条件を見つける．溶解度を下げるための沈殿剤として，ポリエチレングリコール（PEG）などの親水性高分子，硫酸アンモニウムなどの塩，2-メチル-2,4-ペンタンジオール（MPD）などの有機溶媒が使われる．結晶条件には緩衝液の種類と pH，0.2 M 程度の濃度の各種の塩の種類なども大きく関係する．生体分子が安定な立体構造をとっていることが結晶生成の必要条件である．たとえばタンパク質の一部分が一定の構造を取っていない場合，複数のドメインからなっていて相対配置が一定でない場合，一本鎖の核酸で高次構造をとっていない場合，大きな柔軟性をもつオリゴ糖または多糖などの場合は結晶が出る可能性が減る．ただし，こうしたフレキシブルな部分も他のタンパク質などと結合して，しっかりとした立体構造を取るようになれば問題がない．

　膜タンパク質の結晶化（図 6.18）は難度が高いが，重要性が高い．膜タンパク質を界面活性剤存在下に可溶化して精製した場合は，水溶性タンパク質と同様な結晶化法が用いられる．膜貫通ヘリックスのみからなる特殊なタイプの膜タンパク質は**脂質キュービックフェーズ法**（lipidic cubic phase：**LCP**）が適している．モノオレイン（monoolein）を水とよく混合させると，脂質キュー

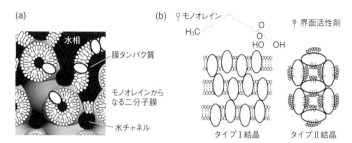

図6.18　膜タンパク質の結晶作製

（a）脂質キュービック相の模式図．モノオレインが二分子膜をつくり，そこに膜タンパク質が埋め込まれている．脂質キュービック相が平面二分子膜へ移行する過程で，膜タンパク質の結晶ができると考えられる．

（b）膜タンパク質は脂質キュービックフェーズ法ではタイプⅠの結晶をつくる．界面活性剤で可溶化して結晶をつくる場合はタイプⅡの結晶をつくる．通常の水溶性タンパク質も界面活性剤の非存在下でタイプⅡ結晶をつくる．

ビック相という脂質二分子膜が空間的に密に繋がった状態になる．膜タンパク質を混合すると界面活性剤ミセルの中から脂質二分子膜への移動が起こる．この状態に沈殿剤溶液を加えると，水の割合が増えて脂質キュービック相が層状に積み重なった状態に変化し，その過程で膜タンパク質の結晶が生じる．界面活性剤を用いてできる通常のタイプⅡの結晶に対して，平面二分子膜に埋め込まれた二次元的な状態がさらに三次元的に積み重なったタイプⅠという結晶になる．得られる結晶は小さいが，含水量が少なく，分解能が高い良質の結晶が得られることが多い．

6.14　X線結晶解析

原子にX線（通常は波長 0.9〜1.5 Å）を照射すると原子の中の電

子がX線を散乱する．結晶の中では原子が規則正しく並んでいる
ため一種のスリットとしてはたらき，散乱されたX線が互いに干
渉して濃淡ができる．この現象を**回折**（diffraction）とよぶ．結晶
は三次元的なスリットとしてはたらき，散乱されたX線は結晶の
後方に置いた二次元の検出器上に**回折点**という輝点をつくる（図
6.19 a）．回折点の位置（h, k, l で表される3個の整数からなる
指数で指定）は単位胞の形状と空間群で決まる．空間群とは単位胞
内に存在する分子内部あるいは分子間の原子の配置の対称性を分類
したものである．回折点のX線強度は単位格子内の電子の分布で
決まる（図6.19 b）．回折点のX線強度と電子分布はフーリエ変換
の関係にある．結晶を1つの軸の周りに一定の速度で回転しなが
ら，1°分を1枚の回折像として記録，これを180回繰り返すと結
晶が180°回転して180枚の回折像が集められ，すべての指数の回
折点のX線強度を収集できる．対称性が高い空間群の結晶では異
なる回折点が同じ強度をもつので，180枚より少ない枚数で完全
データセットが得られる．

　測定した回折点強度の平方根としてX線の振幅を計算する．し

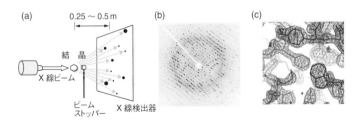

図6.19　X線結晶解析法
（a）X線を結晶に当てると，回折現象により多数の回折点を生じる．
（b）回折データの例．白い影は強いX線が直接検出器に当たらないように
するためのビームストッパーの影．
（c）電子密度マップの例．マップに化学構造の原子モデルを当てはめる．

かし，電子密度の計算に必要なX線の位相の測定ができる検出器は存在しない．そのため，各回折点の位相を何らかの方法で推定する必要がある．有機小分子の結晶の場合は直接法を用いて位相を純粋に計算で推定する．強い強度をもつ3つの回折点の位相にはある種の関係があることを利用して，すべての三つ組関係のつじつまがあうように繰り返し計算を行い，意味のある電子密度（負にならない，ピークがあって離れている）が得られるようにする．生体高分子の場合は直接法を使うのは計算量の点から困難である．**重原子同形置換法**，**多波長異常分散法**（MAD）など実験的に位相を推定する方法と，**分子置換法**のように類似の立体構造を鋳型にして推定する方法がある．**異常分散**とは波長依存的なX線の特別な回折現象を利用する方法で，金属結合タンパク質では金属イオンの異常分散を利用する．セレノメチオニンをメチオニンの代わりにタンパク質に取り込ませ，セレン原子の異常分散を使う方法は，現在では標準的手法となった．硫黄原子の異常分散を使う方法もある．各回折点の位相を推定できれば，フーリエ変換によって単位胞内の**電子密度**を計算できる．電子密度マップ（図 6.19 c）の分解能が 3.5 Å 程度より良ければアミノ酸の側鎖が見分けられ，アミノ酸配列を参照して各原子を電子密度に当てはめることができる．注意すべきは，実在しない原子を置いてマップを描かせると実在しない電子密度を発生することである．これをモデルバイアスとよび，モデル作製とその後の精密化計算では避けねばならない．モデルバイアスは位相情報をモデルから計算した推定値で代用しなくてはならないことに起因する．したがって，最初につくった電子密度マップの質がモデル構築の成否の鍵を握る．一部の指数の強度データが欠損していても電子密度マップのノイズが全体的に増えるだけで，電子密度に局所的な歪みが生じないというフーリエ変換の性質が，X線結晶解析

を信頼性のあるものにしている.

　精密化計算とは,実験値である回折強度とモデルから計算した回折強度のずれ(*R*値)が最小になるようにモデル構造を微調整することである.生体高分子の精密化計算の問題はモデル構造のパラメータの個数が回折点の数より大幅に多いためにオーバーフィッティングが起こることである.オーバーフィッティングすると*R*値が小さくなるが,モデル構造には無意味な変形を生じる.これを防ぐために回折強度データセットからあらかじめランダムに5%のデータを取り分けて精密化計算に使用しない.残りの95%のデータを使って計算した精密化モデル構造に対して,使用しなかった5%のデータを使って*R*値を計算する.これを**R_{free}**という.R_{free}値が0.3以下になること,および*R*値とR_{free}値の差が大きくないことが,意味のある精密化計算の目安である.最終的なモデル構造の検証は,結合長や結合角,ラマチャンドランプロット(§2.3,図2.5)のようなタンパク質の立体構造的制約を満たしていることを確認することで行う.モデル構造の各原子には位置情報のほかに,**デバイ・ワラー因子**(Debye–Waller factor)というパラメータが付随している.これは原子が熱振動により平均の位置からずれている程度を表すので,**温度因子**(temperature factor)とか**B因子**ともいう.通常は等方的な運動を考えてスカラー量であるが,高分解結晶構造ではテンソル量で6個のパラメータからなる.デバイ・ワラー因子には熱振動振幅以外に結晶格子の乱れや結晶内の分子間接触の影響を受けるので,溶液中の原子の運動とは必ずしも一致しないことに注意する.

　強力なX線を使うとラジカルの発生などが原因で分子が損傷し,回折点が消失する.タンパク質ではジスルフィド結合が切断しやすい.そのため放射光施設における回折測定では,**クライオ測定**と

いって，結晶に低温の窒素ガスまたはヘリウムガスを吹きつけて凍結させ，$100\,K$ 程度の温度で測定する．普通に凍らせると氷の結晶ができて体積が増え，結晶を圧迫し回折点が出なくなるので，**抗凍結剤**（クライオプロテクタント）を周囲の溶液に加え，さらに急速凍結することで，**アモルファス**（非晶質）状態の氷をつくらせる．抗凍結剤にはグリセロール，エチレングリコール，高濃度のポリエチレングリコールなどが使われる．高圧状態で急速凍結させると抗凍結剤なしでアモルファス氷をつくれる．凍結すると立体構造が変形する可能性があるが，クライオ構造と室温構造のずれは通常の立体構造決定では許容範囲にある．しかし，最近，大きな運動性がタンパク質分子内にある場合，クライオ構造は必ずしも室温溶液中の構造に一致しない可能性が指摘されたため，X線損傷の問題にもかかわらず，室温での回折測定の意義が再評価されてきている．

[**長所**] 放射光施設での回折実験はビームラインスタッフのはたらきのおかげで常に最良の状態で行える．測定装置に関するハードウエアの知識は必要最小限でよい．回折強度測定プログラムやモデリングのためのプログラム，精密化計算用プログラムなどが整備されている．従来はX線結晶回折の理論に関する深い知識をもつことが結晶構造解析のために必須であったが，最近では計算機の進歩により，複数のケースをすべて総当たりで計算し自動的に正解を選ぶことも可能になり，初心者でも経験者なみの高度な解析ができるようになった．

[**短所**] 結晶化しないと始まらない．たとえ結晶化しても十分な分解能の回折データが得られるとは限らない．結晶の質の改良は経験に基づく試行錯誤である．結晶内の分子間接触によって立体構造が影響を受ける．結晶構造と溶液構造との違いは小さく，通常無視されるが，側鎖の向きなどを詳しく論ずるときは注意が必要である．

[**装置**] X線結晶解析により，多数の生体高分子の結晶構造が決定

されているが，これはおもにX線源の高度化による．高速に加速した電子を真空中で金属のターゲットに当てて急速に減速するとX線が発生する．しかし，この真空管方式では強いX線を発生できない．そこで**シンクロトロン**（円形加速器）で電子の軌道を曲げると光が発生することを利用するシンクロトロン放射光が連続波長の高強度X線源として使われるようになった．日本ではつくば市の**フォトンファクトリー**（PF）や兵庫県播磨の**スプリング8**（SPring-8）がある．**アンジュレータ**という装置をシンクロトロンに組み入れることで，特定の波長においてさらに10,000倍以上強い光を産み出す技術も開発された．こうした技術の進歩によって日本各地に小型のシンクロトロンの建設が進められている．一方，X線レーザーという究極の光源も実用化されている．レーザーとは波の位相が揃った光のことで，コヒーレント光ともいう．加速器の中の電子を使ってX線レーザーを実現する方法が考案され，**X線自由電子レーザー**（X-ray free electron laser：**XFEL**）という．日本では2012年に世界で2番目の施設としてSPring-8と同じ場所に**SACLA**（SPring-8 angstrom compact free electron laser）が建設された．XFELによるX線はシンクロトロン放射光の10^9倍の高強度，コヒーレント，そしてパルス光であるという特徴をもち，原子や分子の動きを連続的に観察できる．タンパク質の構造解析では，非常に小さい結晶を用いた構造決定や，超強力なX線を用い，損傷をひき起こす化学反応が起こるよりも短時間で回折データを収集しきってしまうという原理に基づいて立体構造を無損傷状態で決定できる．

6.15　X線溶液散乱

試料溶液にX線を照射すると散乱が起こる．結晶を用いた回折実験に比べると散乱角（X線が曲がる角度）が小さいので，**X線小角散乱**（small angle X-ray scattering：**SAXS**）とよばれ，タンパク

質分子などの粒子の溶液中の大きさや形を調べる目的で使われる（図 6.20 a）．分子の形を決めるには，試料は高純度で単分散（粒子間に特別な相互作用がなく，ランダムな向きを取る状態）でなくてはならない．散乱データは二次元検出器で検出されるが，360°すべての方向に一様に散乱されるので，円周まわりに強度を積分すると，散乱強度は中心からの距離の一次元の関数となる．これを**散乱曲線**とよぶ．**ギニエプロット**（Guinier plot）から慣性半径（radius

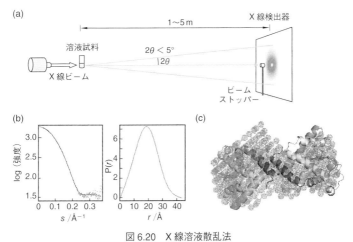

図 6.20　X線溶液散乱法

（a）結晶の代わりに溶液を使う以外は原理的にX線結晶解析と同じである．ただし，散乱角度 2θ は結晶回折に比べるとかなり小さい．そのため試料と検出器の距離を非常に長く設定する．

（b）X線散乱曲線と分子内 2 体分布関数 $P(r)$ の例．（左）散乱曲線の横軸は散乱ベクトルの絶対値 s で，散乱角 θ とX線波長の関数 $s=2\sin\theta/\lambda$ である．s の 2π 倍の q で表される場合や，異なる記号 k, h, Q, K が用いられることがあるので注意が必要である．（右）r は分子内の 2 つの原子間の距離である．

（c）ビーズモデルの例（カラー図は口絵 5 参照）．この図ではビーズモデルに他の方法で決定したタンパク質の構造をリボンモデルで表示して重ねた．よく合っている部分とそうでない部分がある．

of gyration, R_g) を計算することができ，分子の大きさや会合状態がわかる．**クラツキープロット**（Kratky plot）から粒子がコンパクトな形をしているのか，または一定の構造をもたないランダム構造かを判定できる．散乱曲線全体から分子内**2体分布関数** P(r) を計算できる．P(r) は分子内にある原子2個からなる組をすべて考えて，横軸に原子間距離（r）を，縦軸に相対頻度をとった曲線である（図6.20 b）．P(r) を再現するような分子の形状をビーズとよばれる球体の集合体として表すことが行われる（図6.20 c）．本来，散乱データは一次元のデータであるので三次元の立体構造はあくまで推定にすぎないが，多くの場合に妥当な形状が得られる．得られたビーズモデルに他の方法で決定された高分解能構造を当てはめることが行われる．注意点として異なる成分からなる粒子の三次元形状の推定は難しい．タンパク質–核酸複合体は可能であるが，膜タンパク質と界面活性剤との複合体などは困難である．**天然変性領域**（§2.5, §5.3）や糖タンパク質の糖鎖部分は運動性が高いため，ビーズモデルには反映されない．

　従来は試料セルに入れた測定が主流であり，セルや溶媒による散乱の補正や，濃度を変えて多数回測定して試料濃度をゼロに外挿した散乱曲線を求めるなど，実験操作が煩雑であった．最近では放射光施設においてゲル沪過クロマトグラフィーからの溶出液をオンラインで直接測定する**SEC-SAXS法**が標準になった．濃度が変化したデータを1回の測定で得られる利点がある．試料溶液を凍結したり，長時間放置すると粒子どうしの会合が起こりがちであるので，ゲル沪過クロマトグラフィーで分離精製した直後に測定ができることはアーティファクトを防ぐ意味でも役立つ．

[**長所**] 2010年以降，ビーズモデルを計算するプログラムが整備されたために，簡便に溶液中の立体構造を推定する方法として広く使

われるようになった．得られるビーズモデルがでこぼこのある塊に
見えるので，blobology（ブロボロジー，blob＝ぶよっとした塊）と
よぶことがある．同じ溶液中の方法である NMR と組み合わせて使
うことが有効とされている．

[**短所**] 粒子の大きさが大きいほど散乱が強く，少量の会合体や夾
雑物の影響を受けやすい．

[**装置**] 結晶解析ほど強い X 線源でなくてもよく，実験室に置ける
装置で実用的な測定ができる．SEC–SAXS 法は放射光施設で行う．

6.16 電子顕微鏡

電子は粒子としての性質と波動としての性質を併せ持つ量子であ
る．電子波（あるいは電子線）は電界でつくったレンズで結像する
ことができるので，光学顕微鏡と同様に実像を観測できる．**電子顕
微鏡**（electron microscope：**EM**）のおもな使用法は，組織，細胞，
オルガネラの形態観察や，抗原抗体反応を利用して組織や細胞像の
中での特定の分子の分布を決める免疫電顕観察である．分子レベル
の観察では巨大分子（分子量 100 万以上）を重金属で染色して，大
まかな形を球状，繊維状，リング状などと分類することであった．
この方面の注目すべきトピックとして，**光・電子相関顕微鏡法**
（correlative light and electron microscopy：**CLEM**）が あ る．光学
顕微鏡で観察した視野と同一の視野を電子顕微鏡でも観察すること
を意味する．たとえば，蛍光標識した分子の分布を電子顕微鏡の高
分解能像に重ねることができる．専用のホルダを使うなどの工夫に
より実現できるが，技術的な難易度は高い．

最近はハードウエア技術と方法論の進展により，原子レベルの立
体構造解析が可能になった．電子顕微鏡による立体構造解析は電子
線結晶回折に基づいた立体構造決定と画像解析に基づいた単粒子解

析の 2 つに大別できる.

6.16.1 電子線結晶回折法

電子線結晶回折は X 線の代わりに電子線を使うことと, 三次元
結晶ではなく二次元結晶を使うことを除くと, X 線結晶解析と原理
的に同じである. 二次元結晶とは分子が平面状に規則正しく並んだ
結晶で, 染色する必要はない. 実像以外に電子顕微鏡の焦点の位置
で回折像が得られる. 各回折点の位相は実像から推定できるため,
同じ分解能の X 線構造よりも電顕構造のほうが一般に高精度であ

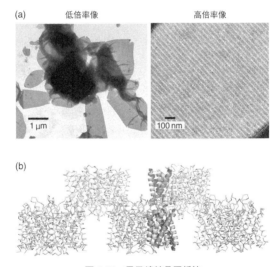

図 6.21　電子線結晶回折法

（a）膜タンパク質酵素の二次元結晶［写真提供：兵庫県立大学大学院. 島
田 悟, 伊藤（新澤）恭子］.
（b）アクアポリン 4 が 2 層からなる二次元結晶をつくる様子. 塊 1 個はアク
アポリン 4 のテトラマー.（カラー図は口絵 6 参照）

る．膜タンパク質は脂質二分子膜に埋め込まれているので，二次元結晶をつくるのに適している（図 6.21）．好塩アーキア（好塩古細菌）の細胞膜には紫膜という構造体があり，実体はバクテリオロドプシンというタンパク質の天然の二次元結晶で，標準試料として使われる．二次元結晶が 2～3 層に重なる場合や丸まってチューブ状になる場合があるが，特別な計算上の工夫をすれば解析できる．タンパク質の二次元結晶はグリッド基板に対して一定の配向で吸着しているので，異なる方向から見るために試料ステージを傾ける必要がある．チューブ状の二次元結晶の場合はすべての方向の分子が一度に見られるため，試料を傾ける必要がないのが利点だが，像が重なってしまうという欠点がある．電子顕微鏡法で得られるマップは X 線結晶解析の電子密度（electron density）マップとよく似ているが，正確には電位（electrostatic potential）マップである．高分解能の電位マップでは解離基の電離状態を区別できる．このマップに分子モデルを置いて各原子の座標を決定することは，通常の X 線結晶解析と同様である．

[長所] 膜タンパク質の高分解能の立体構造決定ができる．

[短所] 二次元結晶を得ることが難しい．電子線は物質との相互作用が大きいため，三次元結晶では厚くて電子線が透過できない．電子線の透過力を上げるために，加速電圧が高い 200～300 kV の電子銃を備えた電子顕微鏡を使う．

[装置] 電子線による損傷を避けるために，試料基板を液体窒素温度や液体ヘリウム温度に冷却し，さらに試料基板を傾けることができる特殊な電子顕微鏡が必要である．一般にクライオ電子顕微鏡とよぶ．

6.16.2 単粒子解析

生体分子を染色せず，アモルファス（非晶質）状態の氷の中に包

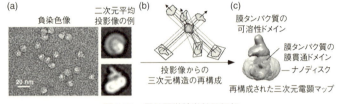

図 6.22　電子顕微鏡単粒子解析
（a）ナノディスクに膜タンパク質を埋め込んで，酢酸ウラニルで負染色した電顕像．似た形状のものを集めて平均すると二次元投影像が得られる．
（b）単粒子解析の原理．いろいろな方向から見た二次元平均像からもとの三次元像を再構成する．
（c）単粒子解析で得られる電顕マップの例．この場合は負染色を使っているため分解能が 20 Å 程度と低く，blobology 的な概観の粒子像が得られる．セグメンテーションという数学的な処理でナノディスク部分と膜タンパク質部分に分けられる．膜タンパク質はさらに可溶性ドメインと膜貫通ドメインに 2 分割できる．

埋し，液体窒素温度に冷やされた極低温ステージで観察する**クライオ電子顕微鏡**を使う．試料溶液をグリッドという基板に乗せた後，液体エタンに浸けて急速冷凍させ，低温に保ったまま電子顕微鏡内の試料ステージに移す．この操作を**クライオトランスファー**という．1 枚の電子顕微鏡写真にいろいろな角度から見た分子の平面投影像が多数同時に存在するので，計算により立体像を再現する．計算には X 線 CT スキャン（computed tomography）や磁気共鳴イメージング（MRI）にも使われる**逆投影**(back projection)という三次元構造を再構成する計算手法を用いる（図 6.22 b）．これを**単粒子解析**（single particle analysis）という．電子顕微鏡像（電顕像）は 1 分子とは限らず，ウイルス粒子などの構造体の場合もあるため，1 分子解析ではなく単粒子解析という．電顕像は影ではなく投影像である．したがって粒子が中空であれば再構成した電顕像も正しく中空となる．投影像が鮮明なら，どの方向から見た像であるかすぐに

わかり，立体構造の再構成は容易である．しかし，生物試料は電子線の照射で容易に損傷するため，照射電子線量を最小にする必要があり，そのため投影像は鮮明でない．そこで多数の像を集めた後，どの方向から見たものかを判断・分類し，同方向から見たものを集めて平均をとることで鮮明な投影像を得る．これが単粒子解析の最大の難関である．

　2010 年代の初めまでは**負染色**（negative staining）した試料を常温で観察することで単粒子解析が行われた（図 6.22 a．負染色では染色剤である酢酸ウラニルなどの重金属が粒子によって排除されるので，背景が黒く，粒子部分が白く抜ける）．負染色像を用いた単粒子解析では分解能は 15〜20 Å 程度にとどまり，電顕マップはでこぼこがある塊のような形であり（図 6.22 c），他の方法で決定された原子分解能の構造を当てはめることで解析が行われてきた．すなわち blobology レベル（§6.15）に留まっていた．2015 年以降，**直接電子検出器**（direct electron detector：DED）の実用化により状況が一変した．DED は電子の感度と位置精度がきわめて高い検出器で，像の分類と平均の効率が格段に向上した結果，原子分解能のモデルを作製可能な良質の電顕マップが得られるようになり，分解能は 2 Å 近くに達する．2017 年のノーベル化学賞は「クライオ電子顕微鏡法の開発」に与えられた．これはクライオ電子顕微鏡単粒子解析による生体高分子の立体構造解析が実用レベルに達し，X線結晶解析と同等の手法になったことを反映している．DED の使用に伴い，収集する投影像の数も数十万個から数千個まで減らせる．原理的には単粒子法では粒子に複数の状態があっても，分類をうまくできれば同時に 2 つの構造を独立に解析できる．これは結晶解析にはない大きな利点である．アモルファス氷の中で分子はランダムな向きをとるために試料ステージを傾ける必要がないことも

利点である．単粒子像電顕マップでは，画像データを2つに分けて独立に解析し，両者の結果がどの分解能まで合っているかで分解能を定義する（X線結晶解析とは分解能の定義が異なる）．クライオ単粒子解析の一般化の影響もあり，最近のX線結晶解析では通常のR値に加えて，電子顕微鏡の分解能の定義に相当する$CC_{1/2}$という数値も使われるようになった．

[長所] 試料の量は非常に少なくてすむ．必要とされる濃度もそれほど高くないので，ゲル沪過クロマトグラフィーの溶出液をそのままあるいは希釈して用いる．解析用プログラムが整備されて高度な解析ができるようになった．

[短所] かなり高純度の試料が必要．不純物やタンパク質の変性した粒子状物質などが混ざると，本物の像と区別が難しい．粒子にはある程度の体積（分子量）がないと像が得られず，目安としてタンパク質の分子質量は最低100 kDaが必要である．対称性のある構造や特徴のある構造が有利である．アモルファス氷包埋の試料作製が難しい．氷の厚さが厚すぎると電子線が透過せず，薄すぎると粒子や分子の向きがランダムにならず一定方向を向いてしまう．ちょうど良い厚さの氷を作る凍結条件を探すことが必要である．

[装置] 試料を液体窒素温度まで冷却して観察できる低温ステージがついたクライオ電子顕微鏡を用いる．単粒子解析ではステージを傾ける必要はないが傾けることができると異なる手法が使えるようになる．1つの試料で複数のステージ角度で観察できれば投影像の関係が明確になる．電子線損傷の問題があるものの，この手法を**電子線トモグラフィー**とよぶ．リボソームなどの巨大分子に使うことができる．原子レベルの解析を可能にするハードウエア技術として，DED以外に，フィールドエミッション電子銃（細く絞った電子線ビームを安定に出す），エネルギーフィルター（非弾性散乱によるノイズを除く）などがある．上述のクライオトランスファー機構が必要である．工学分野では低温ステージを使用する場合であっ

ても，室温の試料を電子顕微鏡内部へ入れてから冷やせばよい．生物用電子顕微鏡はクライオトランスファーの必要性が工学用電子顕微鏡とは異なる．

[問題 6.4]　加速電圧 100 kV の電子線の波長を求めよ．

[解]　電子線の波長はド・ブロイの式で計算できる．質量 m の粒子が速さ v で運動する場合，ド・ブロイ波長 $\lambda = h/mv$ となる（h はプランク定数）．汎用の電子顕微鏡で使われる 100 kV の加速電圧 E で加速された電子の運動エネルギーは，電子の質量 $m = 0.11 \times 10^{-31}$ kg と電荷 $e = 1.60 \times 10^{-19}$ C を使って，$mv^2/2 = eE = 1.60 \times 10^{-19}$ C $\times 10^5$ V $= 1.60 \times 10^{-14}$ J が成立する．これより v を計算すると 1.87×10^8 m s^{-1} で，ド・ブロイの式に代入すると $\lambda = 3.9 \times 10^{-12}$ m $= 3.9$ pm となる．汎用の電子顕微鏡であっても，分解能の理論上の限界は原子の大きさより 100 倍以上高い（分解能は原子の大きさの 1/100）．

6.17　分子ダイナミクス計算

　古典的な**分子ダイナミクス計算**(molecular dynamics simulation, **MD 計算**ともいう）では，原子をファンデルワールス半径の剛体球とし，生体高分子を，共有結合した原子の集合体として扱う．原子間の相互作用は分子内部のポテンシャルエネルギーとして古典力場で表現する．すなわち，共有結合を介した内部エネルギーを結合長，結合角，二面角（§2.3），立体角（キラリティの保存）の平衡状態からのずれの関数として計算する．長距離相互作用を介した内部エネルギーは**ファンデルワールスポテンシャル**と**静電ポテンシャル**を考慮する．内部エネルギーを正確に計算するために，力の係数などのパラメータを事前に用意しておく．このパラメータセットを力場といい，目的に合わせて選ぶ．ニュートン運動方程式の微分を差分に置き換えて数値積分として解くことで，すべての原子の位置

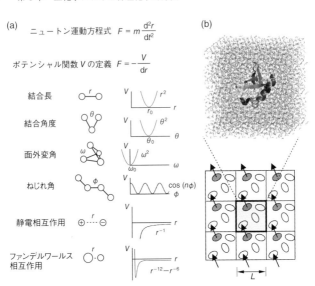

(a)　ニュートン運動方程式　$F = m\dfrac{\mathrm{d}^2 r}{\mathrm{d}t^2}$

　　　ポテンシャル関数 V の定義　$F = -\dfrac{V}{\mathrm{d}r}$

結合長

結合角度

面外変角

ねじれ角

静電相互作用

ファンデルワールス
相互作用

(b)

図 6.23　MD 計算
（a）ニュートン運動方程式とポテンシャル関数の定義式．V は経験的ポテンシャルという古典力学的な項の和として計算する．
（b）タンパク質分子の周囲に水分子を配置する．タンパク質はリボンモデルで描いたが，実際は水素原子も含む全原子モデルで行う．中央のボックス（1 辺の長さ L）の内部のみを計算する．周期境界条件では境界を越えた分子は反対側から入ってくると見なす．

と速度を 1 fs（フェムト秒，10^{-15} s）ごとに計算する（図 6.23 a）．計算対象を直方体の空間に限定し，内部にタンパク質分子を置いて，その周囲に水分子やイオンを配置する（図 6.23 b）．計算単位である直方体が空間的に繰り返すように設定する．すなわち，境界を越えて水分子やイオンが出て行ったときに反対側から入ってくるとみなす．これを**周期境界条件**（periodic boundary condition）という．計算中は温度と圧力が一定になるように一定の頻度で調整す

る．必要なら，直方体の中に複数のタンパク質分子を置いて計算できる．十分な計算速度と計算時間があれば細胞内の様子も再現できる．細胞内では多種類のタンパク質が密集していて非常に混雑した環境にある．この混雑効果を**分子クラウディング効果**といい，分子ダイナミクス計算を用いて研究することができる．

　最初の準備計算の後に本計算を行い，原子の位置を一定間隔で保存する．1つの計算から得られる座標のセットを**トラジェクトリー**（trajectory）とよぶ．トラジェクトリーをもとにタンパク質分子が振動，回転，並進する様子を可視化し，解析できる．拡散係数などの統計量を求めることができる．また，分子ダイナミクス計算は実験方法や実験誤差に由来するバイアスを除くための立体構造の精密化（refinement）にも使える．ひと昔前は計算機の性能が不十分なため，μs 程度の時間に相当する分子ダイナミクス計算が限界であったが，生物現象が ms から s の時間で起こることを考えると不十分である．実際，計算機の進歩に伴って ms スケールの計算を行うと，今まで見ることができなかった現象がとらえられるようになってきた．まさに**計算機顕微鏡**ともいえる使い方ができる．たとえば，タンパク質の2つのドメインの相対配置が変わって閉じたり開いたりする様子や，タンパク質にリガンドが結合・解離する様子，タンパク質分子のフォールディングの過程を調べることができる．近い将来，計算のみで生体高分子の立体構造を十分な精度で推定できるようになるはずである．言うまでもなく，これを可能にしているのは，過去の立体構造情報の蓄積に基づいたホモロジーモデリングによる精度の高い初期構造の構築や，力場の改良の成果である．もし，すべての状態をまんべんなくサンプリングできれば，タンパク質の安定性を表すギブズエネルギーを計算したり，リガンドの結合定数を推定できる．現状の計算機でも計算方法を工夫するこ

とで十分なサンプリングを保証できる．マルチカノニカル計算法や
レプリカ交換計算法とよばれる特別なアルゴリズムを用いる．

[**長所**] パソコンでも分子ダイナミクス計算を始めることができる．
最初の計算のセットアップには専門的なアドバイスがあったほうが
良いが，いったんセットアップが済んだあとは，初期構造を変えた
り，条件を変化させて計算するのは比較的容易である．

[**短所**] 定型的な解析方法はないので，トラジェクトリーから意味
ある情報を引き出すには，センスとプログラミングのスキルが必要
である．

[**装置**] 十分な状態サンプリングや大きな分子–分子複合体の分子ダ
イナミクス計算を行おうとすると，計算パワーはすぐに不足する．
大型計算機やスーパーコンピュータへのアクセスが必要になる．

付　　録

付表 1　生化学的標準生成ギブズエネルギー

化合物（指定がなければ水溶液，pH 7）	$G_\mathrm{f}^{\circ\prime}$ / kJ mol^{-1}	化合物（指定がなければ水溶液，pH 7）	$G_\mathrm{f}^{\circ\prime}$ / kJ mol^{-1}
アクリル酸$^-$（CH$_2$=CHCO$_2^-$）	-286.19	コハク酸$^{2-}$	-690.23
cis-アコニット酸$^{3-}$	-922.63	酢酸$^-$	-369.93
アセトアルデヒド	-139.66	ジヒドロキシアセトン	-445.55
アセト酢酸$^-$	-480.77	ジヒドロキシアセトンリン酸$^{2-}$	-1298.88
アセトン	-161.17	水素イオン（H$^+$, pH 7, イオン強度 $I=0$）	-39.96
アンモニア	-26.57		
アンモニウムイオン（NH$_4^+$）	-79.68	水素イオン（H$^+$, pH 7, イオン強度 $I=0.1$）	-40.57
イソクエン酸$^{3-}$	-1161.69	スクロース	-1566.70
一酸化炭素（気体）	-137.15	スクロース 6$^\mathrm{F}$-リン酸$^{2-}$	-2415.49
エタノール	-181.64	炭酸水素イオン（HCO$_3^-$）	-586.94
オキサロ酢酸$^{2-}$	-797.18	二酸化炭素（pH 無調整）	-385.97
2-オキソグルタル酸$^{2-}$	-797.55	二酸化炭素（気体）	-394.36
ギ酸$^-$	-351.04	乳酸$^-$	-517.81
クエン酸$^{3-}$	-1168.34	尿素	-200.13
グリオキシル酸$^-$	-468.60	パルミチン酸（固体）	-305.01
グリコール酸$^-$	-530.95	1,3-ビスホスホグリセリン酸$^{4-}$	-2368.70
グリセリン酸$^-$	-666.37	ヒドロキシピルビン酸$^-$	-662.26
グリセルアルデヒド	-438.00	3-ヒドロキシプロピオン酸$^-$	-517.14
グリセルアルデヒド 3-リン酸$^{2-}$	-1291.36	3-ヒドロキシ酪酸$^-$	-506.26
グリセロール	-488.52	ヒドロキシルラジカル（OH·, 気体）	$+34.23$
グリセロール 3-リン酸$^{2-}$	-1341.82	ピルビン酸$^-$	-474.50
グルコース	-917.22	ピロリン酸イオン（HP$_2$O$_7^{3-}$）	-1981.84
α-グルコース 1-リン酸$^{2-}$	-1759.54	1-ブタノール	-171.84
グルコース 6-リン酸$^{2-}$	-1766.74	フマル酸$^{2-}$	-604.21
グルコノラクトン	-906.61	フルクトース	-915.51
グルコン酸$^-$	-1124.92		
グルシトール	-942.70		
クロトン酸$^-$	-277.40		

付表 生化学的標準生成ギブズエネルギー (つづき)

化合物 (指定がなければ水溶液, pH 7)	$G_f^{\circ\prime}$ kJ mol^{-1}	化合物 (指定がなければ水溶液, pH 7)	$G_f^{\circ\prime}$ kJ mol^{-1}
フルクトース 1,6-ビスリン酸$^{4-}$	-2612.84	3-ホスホグリセリン酸$^{3-}$	-1515.65
フルクトース 6-リン酸$^{2-}$	-1764.65	6-ホスホグルコノラクトン$^{2-}$	-1756.10
1-プロパノール	-175.81	6-ホスホグルコン酸$^{3-}$	-1974.61
2-プロパノール	-185.94	ホルムアルデヒド	-130.54
プロピオン酸$^-$	-361.08	マルトース	-1579.97
ヘキサン酸$^-$	-335.85	水	-237.18
ペンタン酸$^-$	-344.24	メタン (気体)	-50.79
ホスホエノールピルビン酸$^{3-}$	-1276.76	酪酸$^-$	-352.63
2-ホスホグリセリン酸$^{3-}$	-1511.26	リンゴ酸$^{2-}$	-845.10
		リン酸イオン (HPO$_4^{2-}$)	-1099.85

[本表および他の熱力学データは下記文献を参考にした.
Alberty, R. A., *Arch Biochem Biophys* **353**, 116-130 (1998)
Burton, K., *Ergeb Biol Chem Exp Pharmakol* **49**, 275-298 (1957)
De Weer, P., Lowe, A. G., *J Biol Chem* **248**, 2829-2835 (1973)
Flodgaard, H., Fleron, P., *J Biol Chem* **249**, 3465-3473 (1974)
Guynn, R. W., Veech, R. L., *J Biol Chem* **248**, 6966-6972 (1973)
Thauer, R. K., *et al*, *Bacteriol Rev* **41**, 100-180 (1977)]

付表 2 芳香族アミノ酸の紫外吸収と蛍光

	吸 光		蛍 光	
	吸収極大波長 nm	モル吸光係数 M^{-1} cm^{-1}	蛍光極大波長 nm	量子収率
Phe	257.4	197	282	0.04
Tyr	274.6	1420	303	0.21
Trp	279.8	5600	348	0.20

[Creighton, T. E., "Proteins (2nd ed.)", p.14, W. H. Freeman (1993)]

索　引

【ア行】

【ワ】

〔著者紹介〕

八木達彦（やぎ　たつひこ）
1957年　東京大学大学院化学系研究科修士課程修了
現　在　静岡大学名誉教授，理学博士
専　門　化学，生化学

遠藤斗志也（えんどう　としや）
1982年　東京大学大学院理学系研究科博士課程修了
現　在　京都産業大学　教授，名古屋大学名誉教授，理学博士
専　門　分子細胞生物学，構造生物学

神田大輔（こうだ　だいすけ）
1986年　東京大学大学院理学系研究科博士課程修了
現　在　九州大学生体防御医学研究所　主幹教授，理学博士
専　門　構造生物学，生化学

化学の要点シリーズ　25　*Essentials in Chemistry 25*

生化学の論理　—物理化学の視点
The Logic of Biochemistry; Physico-chemical Viewpoints

2018年4月25日　初版1刷発行

著　者　八木達彦・遠藤斗志也・神田大輔
編　集　日本化学会　ⓒ2018
発行者　南條光章
発行所　**共立出版株式会社**
　　　　［URL］http://www.kyoritsu-pub.co.jp/
　　　　〒112-0006 東京都文京区小日向4-6-19　電話 03-3947-2511（代表）
　　　　振替口座　00110-2-57035

印　刷　藤原印刷
製　本　協栄製本　　　　　　　　　　　　　　　　　　　　printed in Japan

検印廃止　　　　　　　　　　　　　　　　　　　　一般社団法人
NDC　464　　　　　　　　　　　　　　　　　　　自然科学書協会
ISBN 978-4-320-04466-1　　　　　　　　　　　　　　会員